Lernstufen Mathematik 5

Hauptschule Nordrhein-Westfalen

Herausgegeben von
Prof. Dr. Manfred Leppig

Erarbeitet von
Heinrich Geldermann
Manfred Leppig
Alfred Reinelt
Helmut Spiering
Godehard Vollenbröker
Alfred Warthorst

unter Mitarbeit der Verlagsredaktion

Lernstufen Mathematik, Klasse 5
Hauptschule Nordrhein-Westfalen

■ kennzeichnet Zusatz- und Ergänzungsübungen

Titelfoto: Symmetrie — Schloß Türnich in Kerpen/Erftkreis
(Werner Otto, Oberhausen)

Für den Gebrauch an Schulen
© 1989 Cornelsen Verlag Schwann-Girardet, Düsseldorf
Alle Rechte vorbehalten.
Bestellnummer 103558
1. Auflage
Druck 4 3 2 1 / 92 91 90 89
Alle Drucke derselben Auflage sind im Unterricht parallel verwendbar.

Vertrieb: Cornelsen Verlagsgesellschaft, Bielefeld
Fotos: Chris Berten, Düsseldorf; Mathias Wosczyna, Bonn
Grafik: Carin Eichholz, Krefeld
Satz: Universitätsdruckerei H. Stürtz AG, Würzburg
Druck: Cornelsen Druck, Berlin
Bindearbeiten: Fritzsche/Ludwig, Berlin

ISBN 3-590-10355-8

Inhalt

Zahlen und Größen 7

1. Messen und Umwandeln von Größen 7
   - Wir arbeiten mit Geld 8
   - Wir schreiben Geldbeträge auf verschiedene Arten 9
   - Wir wechseln Geld 11
   - Wir schätzen und messen Längen 12
   - Wir geben Längen in verschiedenen Maßeinheiten an .. 14
   - Wir bestimmen und vergleichen Gewichte 16

2. Vergleichen und Ordnen von Zahlen und Größen 19
   - Wir zählen bis zu den Millionen 20
   - Wir zählen bis zu den Milliarden 22
   - Wir zählen bis zu den Billionen 23
   - Wir untersuchen und vergleichen Zahlen 25
   - Wir runden Zahlen 27
   - Wir zeichnen Schaubilder 30

3. Andere Schreibweisen von Zahlen 32
   - Wir schreiben römische Zahlzeichen 32
   - Wir schreiben Zahlen im Dualsystem 34

Geometrische Formen 36

4. Geometrische Grunderfahrungen 36
   - Wir zeichnen gerade Linien 37
   - Wir zeichnen und messen mit dem Geodreieck 38
   - Wir zeichnen Strecken, Geraden und Halbgeraden 40
   - Wir unterscheiden senkrechte und parallele Linien 42
   - Wir zeichnen senkrechte und parallele Geraden 44
   - Wir untersuchen Rechtecke und Quadrate 47
   - Wir untersuchen Parallelogramme 49

5. Symmetrie und Bewegung 51
   - Wir falten und spiegeln 52
   - Wir verschieben Figuren 54
   - Wir wiederholen 56

Rechnen mit Zahlen und Größen 57

6. Addition und Subtraktion 58
   - Wir addieren 58
   - Wir subtrahieren 60
   - Wir überschlagen Rechnungen 63
   - Wir addieren schriftlich 64
   - Wir subtrahieren schriftlich 66
   - Wir subtrahieren mehrere Zahlen 68

Wir addieren und subtrahieren Geldbeträge	69
Wir addieren und subtrahieren Längen	70
Wir addieren und subtrahieren Gewichte	72

7. Multiplikation und Division 73

Wir multiplizieren	73
Wir dividieren	76
Wir überschlagen Rechnungen	78
Wir multiplizieren schriftlich mit einstelligen Zahlen	79
Wir multiplizieren schriftlich mit mehrstelligen Zahlen	81
Wir dividieren schriftlich durch einstellige Zahlen	83
Wir dividieren schriftlich durch mehrstellige Zahlen	85
Wir multiplizieren und dividieren Geldbeträge	87
Wir multiplizieren und dividieren Längen	89
Wir multiplizieren und dividieren Gewichte	91
Wir wiederholen	92

8. Die Verbindung der Rechenarten 93

Wir rechnen mit Klammern	93
Wir rechnen vorteilhaft durch Vertauschen	95
Wir wiederholen	97
Wir verbinden verschiedene Rechenarten	100

9. Tabellen, Mittelwerte, Diagramme 103

Wir zeichnen Strichlisten und Tabellen	103
Wir berechnen Mittelwerte	104
Wir zeichnen Blockdiagramme	106

10. Zeiten und Zeitspannen 108

Wir messen Zeiten, wir rechnen mit Zeiten	108
Wir wiederholen	111

Geometrische Größen 113

11. Umfang, Flächeninhalt, Rauminhalt 114

Wir berechnen Umfänge von Quadrat und Rechteck	114
Wir wiederholen	116
Wir messen Flächeninhalte von Quadrat und Rechteck	117
Wir geben Flächeninhalte in verschiedenen Maßeinheiten an	120
Wir bestimmen Flächeninhalte	122
Wir untersuchen Würfel und Quader	125
Wir zeichnen Netze von Würfeln und Quadern	127
Wir berechnen Oberflächen von Würfeln und Quadern	129
Wir vergleichen und messen Rauminhalte von Körpern	131
Wir geben Rauminhalte in verschiedenen Maßeinheiten an	133
Wir bestimmen Rauminhalte von Würfeln und Quadern	135
Wir rechnen mit Hohlmaßen	139

Wiederholung	140
Übersicht über Maße und Maßeinheiten	143
Stichwortverzeichnis/Bildnachweis	144

Zahlen und Größen

1. Messen und Umwandeln von Größen

In der Bahnhofshalle.

Am Fahrkartenschalter werden die Fahrpreise berechnet. Meistens macht das ein Computer. Die Gepäckannahme wiegt die Koffer und berechnet den Transportpreis nach Gewicht und Entfernung. Die Reisenden müssen selbst ausrechnen, wie lange es noch bis zur Abfahrt des Zuges dauert. Es gibt noch viel zu sehen und zu rechnen.

Wir arbeiten mit Geld

Frau Schmitz möchte sich vom Geldautomaten 160 DM auszahlen lassen. Im Sichtfenster liest sie:

> AUSZAHLUNG 160 DM
> BETRAG BITTE BESTAETIGEN

Frau Schmitz drückt zur Bestätigung die Taste AUSZAHLUNG und erhält den Betrag in folgenden Scheinen ausgezahlt:

1×100 DM 1×50 DM 1×10 DM

Welche anderen Möglichkeiten gibt es, 160 DM in Scheinen zu 10 DM, 20 DM, 50 DM und 100 DM auszuzahlen?

Hier sind die heute gebräuchlichen Münzen und Banknoten der Bundesrepublik Deutschland abgebildet.

In der Bundesrepublik Deutschland heißt seit dem 20. Juni 1948 die Grundeinheit unseres Geldes 1 **Deutsche Mark** (DM). 1 Deutsche Mark hat 100 Pfennig (Pf).

Geldbeträge, wie zum Beispiel 3 Pf, 15 Pf, 5 DM, 10 DM, …, sind **Größen**. Bei der Größe 10 DM ist 10 die **Maßzahl**. Die Benennung DM gibt an, in welcher **Maßeinheit** gemessen wurde.

Wir schreiben Geldbeträge auf verschiedene Arten

Hier sind verschiedene Geldbeträge angegeben.

Geldbeträge können wir auf verschiedene Arten schreiben.

Beispiele

Wir schreiben: Wir lesen:

	235 Pf	2,35 DM wird gelesen: zwei Mark fünfunddreißig
oder	2 DM 35 Pf	oder zwei Komma drei fünf DM
oder	2,35 DM	
	99 Pf	0,99 DM wird gelesen: neunundneunzig Pf
oder	0 DM 99 Pf	oder null Komma neun neun DM
oder	0,99 DM	
	703 Pf	7,03 DM wird gelesen: sieben Mark drei
oder	7 DM 3 Pf	oder sieben Komma null drei DM
oder	7,03 DM	

An diesen Beispielen sehen wir: Das Komma trennt die Markbeträge von den Pfennigbeträgen. Links vom Komma steht die Anzahl der DM, rechts vom Komma die Anzahl der Pfennige.

Übungen

1. Schreibe in DM und Pf, außerdem in DM mit Komma.

Beispiel:
875 Pf = 8 DM 75 Pf;   875 Pf = 8,75 DM

a) 16 Pf   d) 160 Pf   g) 28 781 Pf
b) 25 Pf   e) 912 Pf   h) 60 606 Pf
c) 123 Pf   f) 1360 Pf i) 2721 Pf

2. Schreibe in Pfennig.

Beispiel: 6 DM 12 Pf = 612 Pf

a) 1 DM 1 Pf   e) 50 DM 50 Pf
b) 1 DM 15 Pf   f) 76 DM 1 Pf
c) 9 DM 9 Pf   g) 100 DM 10 Pf
d) 19 DM 36 Pf   h) 380 DM 45 Pf

3. Schreibe die Größen aus Aufgabe 2 in DM mit Komma.

4. Schreibe in DM mit Komma.
a) 1 Pf   e) 699 Pf   i) 95 500 Pf
b) 78 Pf   f) 1111 Pf   j) 100 001 Pf
c) 128 Pf   g) 7829 Pf   k) 5555 Pf
d) 808 Pf   h) 79 102 Pf l) 111 111 Pf

5. Schreibe die Größen aus Aufgabe 4 in DM und Pf.

6. Schreibe folgende Größen erst in Pf, dann in DM und Pf.
a) 0,05 DM   e) 580,73 DM
b) 0,90 DM   f) 960,02 DM
c) 2,17 DM   g) 2930,60 DM
d) 25,36 DM   h) 8768,89 DM

7. Schreibe zuerst in Pf, dann in DM mit Komma.
a) 5 DM 5 Pf   e) 200 DM 75 Pf
b) 9 DM 12 Pf   f) 500 DM 92 Pf
c) 50 DM 5 Pf   g) 227 DM 20 Pf
d) 60 DM 60 Pf   h) 603 DM 15 Pf

8. Schreibe mit Ziffern in DM mit Komma.
a) achtzehn DM fünfunddreißig Pf
b) elf DM elf Pf
c) fünfzig DM drei Pf
d) dreiundachtzig DM zweiundvierzig Pf
e) siebenundneunzig DM dreizehn Pf
f) einundsiebzig DM vierunddreißig Pf
g) neunhundertneunundneunzig DM achtunddreißig Pf

9. Ordne folgende Geldbeträge nach ihrem Wert. Gehe so vor wie im Beispiel.
Beispiel: Zu ordnen sind:
2,57 DM; 305 Pf; 1 DM 90 Pf; 0,56 DM
1. Lösungsschritt:
2,57 DM   3,05 DM   1,90 DM   0,56 DM
2. Lösungsschritt:
0,56 DM < 1,90 DM < 2,57 DM < 3,05 DM
a) 15 DM 60 Pf; 1426 Pf; 9,99 DM; 1005 Pf
b) 45 DM 36 Pf; 39,90 DM; 8203 Pf; 8 DM

10. Zahle folgende Geldbeträge mit möglichst wenig Münzen aus. Gib die Münzen an.
a) 36 DM   d) 36,72 DM   g) 69,14 DM
b) 42 DM   e) 16,29 DM   h) 1,97 DM
c) 13,80 DM f) 19,99 DM   i) 0,99 DM

11. Wie zahlt man die Geldbeträge aus Aufgabe 10 mit möglichst wenig Banknoten und Münzen?

12. Für 12 DM sollen 80-Pf-Briefmarken und 60-Pf-Briefmarken gekauft werden. Gib 5 Möglichkeiten an.

13. Übertrage die folgende Tabelle in dein Heft. Trage ein, mit welchen Münzen und Banknoten du folgende Geldbeträge auszahlen kannst. Verwende dabei möglichst wenig Münzen und Banknoten.

	148,35 DM	165,66	...
1000 DM	—		
500 DM	—		
100 DM	1		
50 DM	—		
20 DM	2		
10 DM	—		
5 DM	1		
2 DM	1		
1 DM	1		
50 Pf	—		
10 Pf	3		
5 Pf	1		
2 Pf	—		
1 Pf	—		

a) 165,66 DM   e) 695 DM 48 Pf
b) 240 DM 68 Pf   f) 5372 Pf
c) 1234,05 DM   g) 1000 DM 78 Pf
d) 862,80 DM   h) 8032 Pf

14. Nenne 10 Beispiele für Beträge, die man mit folgenden Münzen zahlen kann: Drei 1-DM-Stücke, zwei 5-DM-Stücke, vier 10-Pf-Stücke, drei 2-Pf-Stücke. Es sollen aber immer Münzen von jeder Sorte dabei sein.

15. Folgende Geldbeträge sollen mit möglichst wenig Banknoten und Münzen bezahlt werden:
a) 46,92 DM   e) 280,60 DM
b) 64,39 DM   f) 895,43 DM
c) 18,60 DM   g) 962,18 DM
d) 27,15 DM   h) 1009,31 DM

Messen und Umwandeln von Größen

Wir wechseln Geld

Birgit will an einem Automaten Briefmarken kaufen. Um Briefmarken ziehen zu können, benötigt sie ganz bestimmte Münzen, die am Einwurfschlitz des Automaten angegeben sind. Hat sie diese Münzen nicht, muß sie **Geld wechseln**. Dazu kann sie in eine Bank oder Sparkasse gehen.

Beim Geldwechseln bleibt der Wert gleich, nur die Anzahl der Geldscheine und Münzen ändert sich.

Übungen

1. In einer Bank werden folgende Geldbeträge gewechselt. Wie viele Banknoten oder Münzen sind es jedesmal?
200 DM in Münzen zu:
a) 5 DM   b) 2 DM   c) 1 DM   d) 50 Pf
10 DM in Münzen zu:
a) 50 Pf   b) 10 Pf   c) 5 Pf   d) 2 Pf
2800 DM in Banknoten zu:
a) 100 DM   b) 50 DM   c) 20 DM
1500 DM in Banknoten zu:
a) 50 DM   b) 20 DM   c) 10 DM
4000 DM in Banknoten:
a) 1000 DM   b) 500 DM   c) 100 DM

2. In Banken und Sparkassen werden Münzen in Rollen zusammengefaßt. Welchen Wert hat jede Rolle.

Münzen	Anzahl der Münzen je Rolle
5 DM	40
2 DM	50
1 DM	50
50 Pf	50
10 Pf	50
5 Pf	50
2 Pf	50
1 Pf	50

3. In Bahnhöfen kann man Gepäck in Schließfächern aufbewahren. Am Geldeinwurfschlitz ist angegeben: 1 × 1 DM (Aufbewahrungszeit 24 Stunden).
a) Herr Lenz benötigt für 3 Koffer 2 Schließfächer. Er wechselt einen 50-DM-Schein.
Gib das Wechselgeld mit möglichst wenig Münzen und Banknoten an.
b) Frau Hein benötigt 3 Schließfächer. Sie wechselt einen 100-DM-Schein.
Gib das Wechselgeld mit möglichst wenig Münzen und Banknoten an.

4. In Schwimmbädern benötigt man für Schließfächer häufig Münzen. Katrin hat einen 10-DM-Schein und möchte ihn an der Kasse in geeignete Münzen umwechseln.
Gib das Wechselgeld mit möglichst wenig Münzen und Banknoten an.
a) Für ein kleines Schließfach benötigt sie ein 2-DM-Stück.
b) Für ein großes Schließfach benötigt sie ein 5-DM-Stück.
c) Katrin mietet ein kleines Schließfach. Außerdem möchte sie ein 1-DM-Stück für den Getränkeautomaten und ein 50-Pf-Stück für den Haartrockner.
d) Familie Berger mietet ein großes und ein kleines Schließfach. Außerdem werden drei 50-Pf-Stücke für den Haartrockner benötigt. Frau Berger wechselt einen 50-DM-Schein.

Wir schätzen und messen Längen

Wie groß bist du? Wie breit ist dein Klassenzimmer? Wie weit ist es von Bonn bis Köln? Wie dick ist dieses Rechenbuch?

Bei all diesen Fragen wird eine Länge als Antwort erwartet. Damit wir Längen angeben können, brauchen wir eine geeignete **Maßeinheit**.

Aus einem Geometriebuch des Jahres 1584: Eine Länge wird gemessen. Wieviel Fuß sind es?

Das sind früher gebrauchte Maßeinheiten:

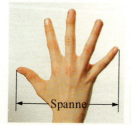

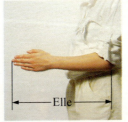

Maßeinheiten, wie Spanne, Fuß, Elle und Schritt, waren vorteilhaft, weil man jederzeit mit Hand, Fuß, Arm und Beinen Längen messen konnte. Sie hatten aber einen großen Nachteil. Kannst du dir denken, welchen?

Heute benützt man zum Messen von Längen die Maßeinheit **1 Meter (m)** und die davon abgeleiteten Maßeinheiten **1 Millimeter (mm)**, **1 Zentimeter (cm)**, **1 Dezimeter (dm)** und **1 Kilometer (km)**.

Das ist 1 Dezimeter.

Das ist 1 Zentimeter.   Das ist 1 Millimeter.

Ein Meter ist 10mal so lang wie 1 Dezimeter, 1 Kilometer ist so lang wie 1000 Meter.

Die Maßeinheit 1 Meter, von der die anderen gebräuchlichen Maßeinheiten abgeleitet sind, wurde durch das **Urmeter** in Paris festgelegt. Das Urmeter ist ein Metallstab mit zwei Markierungen. Die Länge dazwischen ist 1 Meter.

Heute legt man das Meter durch elektronische Messungen noch genauer fest.

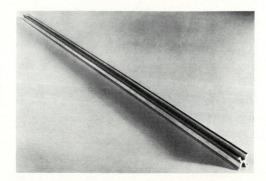

Messen und Umwandeln von Größen

Die Höhe des Kirchturms wurde von den Kindern geschätzt. **Schätzen** heißt hier, die Höhe des Kirchturms *ungefähr* angeben.

Wenn man eine Länge **genau** angeben will, muß man **messen**. Als Hilfsmittel für Längenmessungen benutzen wir meistens das Lineal. Längere Strecken mißt man zum Beispiel mit einem Bandmaß. Autos und auch manche Fahrräder haben Kilometerzähler, mit denen Fahrstrecken gemessen werden.

Beispiel

Wir messen die Länge eines Streichholzes. Das bedeutet: Wir stellen fest, wie oft die **Maßeinheit** 1 Zentimeter in der Streichholzlänge enthalten ist. Die **Benennung** cm gibt an, in welcher Maßeinheit gemessen wurde.

Das Streichholz ist 4 cm lang.

Übungen

1. Miß Längen an verschiedenen Gegenständen und Entfernungen im Klassenzimmer in Spanne, Fuß, Elle oder Schritt. Verwende immer eine geeignete Maßeinheit. Vergleiche deine Ergebnisse mit denen deiner Mitschüler.

2. Miß und vergleiche mit den Ergebnissen deiner Mitschüler.
a) Wie viele Schritte ist der Schulhof lang und wie viele breit?
b) Wieviel Meter ist der Schulhof lang und wieviel breit? Benutze ein Bandmaß.

3. Schätze zunächst, dann miß nach:
a) die Länge und Breite deines Rechenbuches,
b) die Länge des größten und kleinsten Schülers deiner Klasse,
c) die Höhe der Klassenzimmertür.

4. Schätze zunächst, welche der geraden Linien länger ist. Miß erst danach.

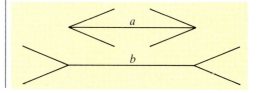

Wir geben Längen in verschiedenen Maßeinheiten an

Beim Schulsportfest wird Bert in seiner Klasse mit 368 cm Sieger im Weitsprung. An Stelle von 368 cm können wir auch schreiben: 3 m 68 cm oder 3,68 m.

Die Schreibweise mit dem Komma – also 3,68 m – lesen wir: „drei Komma sechs acht Meter".

Längen können wir in verschiedenen Maßeinheiten angeben. Wenn wir zum Beispiel 368 cm in 3 m 68 cm umwandeln, müssen wir wissen, daß 1 m = 100 cm ist. Mit der folgenden Übersicht können wir alle Umwandlungen von Längen berechnen.

1 km	=	1000 m						
		1 m	=	10 dm	=	100 cm	=	1000 mm
				1 dm	=	10 cm	=	100 mm
						1 cm	=	10 mm

1 km ⇄ 1 m ⇄ 1 dm ⇄ 1 cm ⇄ 1 mm
(: 1000 / · 1000) (: 10 / · 10) (: 10 / · 10) (: 10 / · 10) (: 10 / · 10)

Beispiele

1. 5 m = 500 cm
2. 7 km = 7000 m
3. 750 dm = 75 m
4. 350 cm = 3 m 50 cm = 3,50 m
5. 1250 m = 1 km 250 m = 1,250 km
6. 56 mm = 5 cm 6 mm = 5,6 cm
7. 35 cm = 3 dm 5 cm = 3,5 dm
8. 63 dm = 6 m 3 dm = 6,3 m

Auch mit einer Stellentafel können wir Längen in verschiedenen Schreibweisen angeben.

Beispiele

km			m			dm	cm	mm	Schreibweisen			
H	Z	E	H	Z	E							
					5	6	9		569 cm	= 5 m 69 cm	=	5,69 m
						3	5		35 mm	= 3 cm 5 mm	=	3,5 cm
				6	3	4			634 m	= 0 km 634 m	=	0,634 km
		5	5	7	0	0			55700 m	= 55 km 700 m	=	55,700 km
					1	4	0	8	1408 cm	= 14 m 8 cm	=	14,08 m

Messen und Umwandeln von Größen

Übungen

1. Nenne Gegenstände, deren Länge wir in Meter (in Zentimeter, in Millimeter) messen.

2. Gib die passende Maßeinheit an: Höhe des Tisches, Breite eines Fußballplatzes, Länge deines Schulweges, Breite einer Postkarte, Dicke einer 5-DM-Münze. Schätze die Längen und versuche sie zu messen.

3. Schreibe folgende Längen in der nächstgrößeren Maßeinheit.
a) 20 mm　　f) 130 cm　　k) 280 dm
b) 50 mm　　g) 650 cm　　l) 350 dm
c) 160 mm　　h) 1000 cm　　m) 6000 m
d) 280 mm　　i) 60 dm　　n) 18 000 m
e) 70 cm　　j) 90 dm　　o) 46 000 m

4. Schreibe die Längen fortlaufend in kleineren Maßeinheiten.
Beispiel: 2,8 m = 28 dm = 280 cm = 2800 mm
a) 15 m　　e) 270 cm　　i) 0,3 m
b) 34 cm　　f) 7,7 dm　　j) 0,35 m
c) 62 dm　　g) 5,5 cm　　k) 15,5 dm
d) 18,5 m　　h) 17,9 cm　　l) 0,834 m

5. Zeichne eine Stellentafel und trage die folgenden Längen ein.
a) 12 cm　　d) 732 cm　　g) 2021 cm
b) 15 cm　　e) 900 cm　　h) 5302 cm
c) 120 cm　　f) 1270 cm　　i) 40 400 cm

6. Schreibe die Längen wie im Beispiel.
Beispiel:
in dm und cm: 98 cm = 9 dm 8 cm
a) in dm und cm:　　26 cm, 38 cm, 80 cm
b) in km und m:　　1516 m, 2050 m, 2340 m
c) in cm und mm:　　36 mm, 44 mm, 60 mm
d) in m und cm:　　168 cm, 327 cm, 408 cm
e) in m, dm und cm: 132 cm, 321 cm, 702 cm

7. Schreibe die Längen von Aufgabe 6 so:
Beispiel: 482 cm = 48 dm 2 cm = 48,2 dm

8. Schreibe die Längen in Zentimeter.
a) 6 m 12 cm　　d) 100 m 10 cm
b) 30 m 3 cm　　e) 480 m 70 cm
c) 60 m 60 cm　　f) 999 m 2 cm

9. Schreibe die Längen von Aufgabe 8 in Meter mit Komma.

10. Schreibe die Längen in Zentimeter.
Beispiel: 85 mm = 8 cm 5 mm = 8,5 cm
a) 26 mm　　d) 402 mm　　g) 794 mm
b) 50 mm　　e) 610 mm　　h) 879 mm
c) 124 mm　　f) 909 mm　　i) 996 mm

11. Gib die Längen in der kleinsten angegebenen Maßeinheit an.
a) 9 km 9 m　　g) 4 m 3 cm
b) 25 km 43 m　　h) 36 m 6 cm
c) 507 km 111 m　　i) 709 m 18 cm
d) 62 m 13 dm　　j) 5 dm 16 mm
e) 334 m 7 dm　　k) 36 dm 8 mm
f) 419 m 18 dm　　l) 416 cm 2 mm

12. Schreibe die Längen in Kilometer.
Beispiel: 705 m = 0 km 705 m = 0,705 km
a) 5 m　　d) 9471 m　　g) 293 405 m
b) 500 m　　e) 10 015 m　　h) 897 230 m
c) 2078 m　　f) 26 001 m　　i) 2 473 800 m

13. Schreibe in dm (in cm, in mm).
a) 0,09 m　　e) 1,02 m　　i) 3,12 m
b) 0,50 m　　f) 2,16 m　　j) 5,71 m
c) 0,75 m　　g) 2,50 m　　k) 7,20 m
d) 0,78 m　　h) 3,05 m　　l) 8,10 m

14. Übertrage in dein Heft und verbinde gleiche Längenangaben durch Linien.

a)
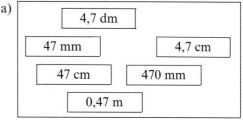

b)
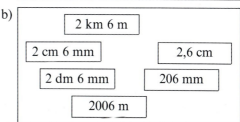

Wir bestimmen und vergleichen Gewichte

Frau Gutmuth kauft auf dem Wochenmarkt drei Kilogramm Kartoffeln. Die Waage, auf der die Marktfrau die Kartoffeln abwiegt, befindet sich im *Gleichgewicht*. Also wiegen die Kartoffeln genauso viel wie die **Wägestücke**: 3mal 1 Kilogramm. Statt 3mal 1 Kilogramm sagen wir kürzer: 3 Kilogramm. Die Wägestücke gehören zu einem **Wägesatz**.

Die Grundeinheit des Gewichts ist 1 **Kilogramm** (abgekürzt: 1 kg). Man hat festgesetzt: 1 Kilogramm ist das Gewicht, das 1 Liter Wasser hat.

1 Kilogramm wird unterteilt in 1000 **Gramm** (g). 1000 Kilogramm werden 1 **Tonne** (t) genannt.

Gewichtsangaben wie 100 g, 5 kg, 2 t, ... sind *Größen*. Bei der Größe 5 kg ist 5 die *Maßzahl*. Die Benennung kg gibt an, in welcher *Maßeinheit* gemessen wurde.

Den Zusammenhang zwischen den verschiedenen Gewichtseinheiten und ihre Umwandlung stellen wir übersichtlich dar:

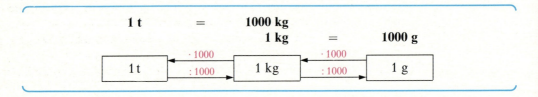

Anmerkung:
Die Physiker messen mit Kilogramm und Gramm nicht *Gewichte*, sondern *Massen*. Dieser Sachverhalt wird später im Physikunterricht erklärt.

Messen und Umwandeln von Größen

Hier sind verschiedene Gewichtsangaben zusammengestellt.

| 1250 g | 1,250 kg | 2,5 t | 2500 kg | 1 kg 250 g |

Gewichtsangaben können wir auf verschiedene Arten schreiben.

Beispiel

Wir schreiben:

      1250 g
oder 1 kg 250 g
oder 1,250 kg

Wir lesen:

1,250 kg wird gelesen:
      „ein kg zweihundertfünfzig Gramm"
oder „eins Komma zwei fünf null Kilogramm"

Wir schreiben die Gewichte in eine Tabelle:

t			kg			g		
H	Z	E	H	Z	E	H	Z	E
					1	2	5	0
				1	4	5	0	0
							1	5
				2	4	1	2	5
	1	1	0	5	1	0		
								7

$$1250 \text{ g} = 1 \text{ kg } 250 \text{ g} = 1{,}250 \text{ kg}$$
$$14\,500 \text{ g} = 14 \text{ kg } 500 \text{ g} = 14{,}500 \text{ kg}$$
$$15 \text{ g} = 0 \text{ kg } 15 \text{ g} = 0{,}015 \text{ kg}$$
$$24\,125 \text{ kg} = 24 \text{ t } 125 \text{ kg} = 24{,}125 \text{ t}$$
$$110\,510 \text{ kg} = 110 \text{ t } 510 \text{ kg} = 110{,}510 \text{ t}$$
$$7 \text{ g} = 0 \text{ kg } 7 \text{ g} = 0{,}007 \text{ kg}$$

Übungen

1. Gib in der kleinsten Maßeinheit an:
a) 4 kg 3 g
b) 28 kg 456 g
c) 482 kg 17 g
d) 35 t 25 kg
e) 429 t 12 kg
f) 230 kg 621 g

2. Gib in der nächstgrößeren Maßeinheit an:
a) 3000 g
b) 26 000 g
c) 242 000 g
d) 8000 kg
e) 56 000 kg
f) 100 000 kg

3. Verwandle in Kilogramm (kg) und Gramm (g):
a) 2851 g
b) 95 650 g
c) 24 555 g
d) 54 112 g
e) 128 700 g
f) 314 550 g
g) 510 151 g
h) 111 111 g

4. Übertrage die Tabelle von oben in dein Heft. Trage folgende Gewichtsangaben ein und rechne wie im Beispiel.

Beispiel:
$1375 \text{ g} = 1 \text{ kg } 375 \text{ g} = \underline{1{,}375 \text{ kg}}$

a) 5 g
b) 25 g
c) 750 g
d) 995 g
e) 1750 g
f) 4002 g
g) 8120 g
h) 9453 g
i) 4072 g
j) 51 050 g
k) 72 990 g
l) 86 554 g

5. Schreibe folgende Gewichtsangaben in Gramm (g):
a) 0 kg 17 g
b) 5 kg 170 g
c) 20 kg 2 g
d) 1 kg 1 g
e) 10 kg 100 g
f) 46 kg 600 g
g) 604 kg 750 g
h) 90 kg 90 g
i) 410 kg 211 g
j) 2 kg 1 g
k) 99 kg 9 g
l) 105 kg 110 g

6. Schreibe in g wie in folgendem Beispiel.
Beispiel: 2,708 kg = 2 kg 708 g = 2708 g

a) 0,001 kg
b) 0,050 kg
c) 0,875 kg
d) 2,001 kg
e) 21,306 kg
f) 94,080 kg
g) 241,385 kg
h) 751,872 kg

7. Schreibe in Tonnen (t) nach folgendem Beispiel: 620 kg = 0,620 t

a) 43 kg
b) 104 kg
c) 620 kg
d) 1002 kg
e) 46 005 kg
f) 240 100 kg
g) 500 500 kg
h) 810 650 kg

8. Schreibe in Tonnen (t).
a) 1 t 1 kg
b) 5 t 50 kg
c) 8 t 700 kg
d) 24 t 720 kg
e) 100 t 100 kg
f) 250 t 2 kg
g) 430 t 71 kg
h) 641 t 128 kg

9. Schreibe folgende Größen in Kilogramm (kg) mit Komma.
a) 86 g
b) 580 g
c) 2810 g
d) 3040 g
e) 5350 g
f) 48 912 g
g) 50 748 g
h) 136 700 g
i) 534 028 g
j) 900 090 g
k) 100 100 g
l) 200 440 g

10. Vergleiche die Gewichtsangaben miteinander und setze an Stelle von □ eines der Zeichen „<" oder „>" oder „=" richtig ein.
a) 1500 g □ 1 kg 50 g
b) 750 g □ 0,075 kg
c) 6 kg 25 g □ 6025 g
d) 14,010 kg □ 1410 g
e) 0,018 t □ 180 kg
f) 810 kg □ 0,810 t
g) 2140 kg □ 2,14 t
h) 1003 kg □ 1,030 t
i) 76,710 kg □ 76 071 g

11. Vergleiche die Gewichtsangaben und ordne der Größe nach.
a) 1230 g; 4 kg 150 g; 6,5 kg
b) 0,125 kg; 1,2 t; 1 t 150 kg
c) 0,2 t; 250 kg; 2500 kg; 2,8 kg
d) 1,1 kg; 1110 g; 1 kg 111 g

12. Im Bild sind die Körpergewichte einiger Kinder angegeben.

Ute: 38 750 g   Rolf: 39,010 kg
Udo: 36 kg 410 g   Michael: 42,5 kg   Elke: 36 050 g

a) Schreibe alle Gewichtsangaben in Kilogramm mit Komma.
b) Ordne die Kinder nach ihrem Körpergewicht. Beginne mit dem höchsten Gewicht.
c) Zeichne in dein Heft ein Pfeilbild für die Beziehung „… ist schwerer als …".

13. Eine Waage befindet sich im Gleichgewicht. Welches Gewicht haben die gewogenen Gegenstände, wenn auf einer Waagschale folgende Wägestücke liegen?

a)

500 g   200 g   100 g   20 g   10 g   5 g   2 g   1 g

b) 1 kg, 500 g, 50 g, 10 g, 5 g, 2 g
c) 1 kg, 500 g, 200 g, 100 g, 10 g, 5 g

14. Setze folgende Gewichte aus möglichst wenigen Stücken des Wägesatzes zusammen. Die Abbildung auf Seite 16 hilft dir dabei.

a) 38 g
b) 74 g
c) 132 g
d) 250 g
e) 540 g
f) 775 g
g) 1250 g
h) 1375 g
i) 1,125 kg

2. Vergleichen und Ordnen von Zahlen und Größen

Heute können die meisten Menschen zählen, Zahlen schreiben und rechnen. Das war nicht immer so. Vor 2000 Jahren, etwa zur Zeit von Christi Geburt, galt es bei den Griechen und Römern als besonderes Lob, wenn man von jemandem sagte, er kann zählen. Noch vor 400 Jahren gab es *Rechenmeister*, die für andere Leute zählten und rechneten. In Deutschland war der bekannteste Rechenmeister Adam Riese. Sein Name kommt noch heute in Redewendungen vor. Zum Beispiel sagt man: „7 · 3 ist *nach Adam Riese* 21."

Dieses Bild ist auf dem Umschlag eines alten Rechenbuches von Adam Riese.

In diesem Kapitel beschäftigen wir uns mit den **natürlichen Zahlen**. Das sind die Zahlen 0, 1, 2, 3, 4, ... Beim Zählen sagen wir diese Zahlen der Reihe nach auf. Die drei Punkte bedeuten, daß die Reihe immer weitergeht.

Wir zählen bis zu den Millionen

Zählen kann oft lange dauern und ist dann mühselig. Außerdem können sich beim Zählen leicht Fehler ergeben. Um das zu vermeiden, hat man **Zählwerke** erfunden, die selbsttätig zählen.

Stromzähler

Kilometerzähler

Wasseruhr

In einem Zählwerk sind mehrere Rädchen nebeneinander angeordnet. Auf jedem dieser Rädchen stehen die Ziffern 0, 1, 2, 3, 4, 5, 6, 7, 8, 9. Immer, wenn ein Rädchen zehn Zählschritte gemacht hat, rückt das links danebenliegende Rädchen um einen Zählschritt weiter.

Zählwerk

Übungen

1. Schreibe zu Hause den Stand verschiedener Zählwerke auf. Denke an die Wasseruhr, den Stromzähler, den Kilometerzähler am Fahrrad, ...

2. Manche Autos haben Kilometerzähler mit fünf Stellen, manche mit sechs Stellen. Bis zu welcher Kilometerzahl werden hierbei die gefahrenen Kilometer angezeigt? Worin besteht der Vorteil einer sechsstelligen Kilometeranzeige für den Käufer eines Gebrauchtwagens?

3. Wie heißen diese Zahlen?
a) 1000
b) 10000
c) 55000
d) 100000
e) 437000
f) 1000000
g) 7000000
h) 12000000
i) 50000000
j) 130000000

4. a) In der Grundschule haben wir Zahlen in eine Stellenwerttafel geschrieben. Lies die Zahlen in der folgenden Stellenwerttafel.

Millionen			Tausender					
Hundert	Zehn	Eine	Hundert-	Zehn-	Ein-	Hunderter	Zehner	Einer
					7	4	3	6
				3	0	4	3	1
			5	0	0	1	2	0
			9	6	4	9	0	0
		1	4	0	0	1	0	0
	2	4	0	0	0	4	2	4
2	7	6	4	2	9	0	0	0
3	2	4	3	9	6	7	0	5

b) Erläutere den Zusammenhang zwischen einer Stellenwerttafel und einem Zählwerk.

Vergleichen und Ordnen von Zahlen und Größen

5. Trage die Zahlen in eine Stellenwerttafel ein und lies die Zahlen.
a) 1579 e) 426778 i) 6278000
b) 3200 f) 567429 j) 40007239
c) 12036 g) 637824 k) 77242473
d) 47900 h) 5542100 l) 157829764

6. Lies die Zahlen der Zählwerke ab. Welche Zahl wird als nächste angezeigt?

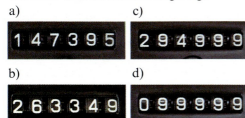

7. Gib von folgenden Zahlen die vorangehende Zahl (*Vorgänger*) und die nachfolgende Zahl (*Nachfolger*) an.
a) 20470 c) 10000 e) 999999
b) 46200 d) 80999 f) 9999990

8. Zähle zehn Zahlen weiter.
a) 419, 420, ... c) 50496, ...
b) 1096, 1097, ... d) 102994, ...

9. Zähle zehn Zahlen rückwärts.
a) 505, 504, ... c) 36500, ...
b) 2995, 2994, ... d) 2000000, ...

10. Auf Quittungen, Zahlkarten, Schecks und anderen Formularen werden die DM-Beträge auch in Zahlwörtern angegeben. Nenne den Grund dafür.

11. Schreibe die folgenden DM-Beträge mit Ziffern.
a) vierhundertfünfzig DM
b) siebenhundertdreiundvierzig DM
c) viertausendzweihundert DM
d) sechstausenddreihundertneunzig DM
e) zwölftausendneunhundertachtzig DM

12. Hole dir von einem Postamt fünf Zahlkarten. Fülle die Zahlkarten für 100 DM, 270 DM, 376 DM, 1200 DM, 2238 DM aus. Denke dir Namen und Adressen der Empfänger aus.

13. *Zahlendiktat*. Schreibe die Zahlen als Zahlwörter.
a) 5000 c) 9440 e) 750000
b) 6700 d) 12000 f) 3000000

14. Zerlege in Millionen (Mio.), Tausender (T), Einer (E).
Beispiel:
42736054 = 42 Mio. + 736 T + 54 E
a) 14200563 e) 6932540
b) 4056780 f) 134269050
c) 46007480 g) 100420689
d) 2000400 h) 601004030

15. *Wortmonster*. Schreibe mit Ziffern.
a) siebzehntausendvierhundertdreizehn
b) eine Million siebenhundertdreiundfünfzigtausend
c) dreißig Millionen siebzehntausend

16. *Schwierige Zahlen*. Schreibe die Zahlen als Zahlwörter.
a) 24563 b) 4879000 c) 12000369

Wir zählen bis zu den Milliarden

Wir schreiben die Bevölkerungszahlen der Erdteile (Stand: 1982) in eine Stellenwerttafel.

Milliarden	Millionen			Tausender					
	Hundert	Zehn	Eine	Hundert-	Zehn-	Ein-	Hunderter	Zehner	Einer
	7	6	6	0	0	0	0	0	0
	6	5	8	0	0	0	0	0	0
	5	3	7	0	0	0	0	0	0
		2	4	0	0	0	0	0	0
2	7	7	7	0	0	0	0	0	0

Europa: 766 Millionen Einwohner →
Amerika: 658 Millionen Einwohner →
Afrika: 537 Millionen Einwohner →
Australien: 24 Millionen Einwohner →
Asien: 2777 Millionen Einwohner →

Die Bevölkerungszahl von Asien können wir nicht in unsere Stellenwerttafel schreiben. Darum führen wir einen neuen Stellenwert für „1000 Millionen" ein. An Stelle von 1000 Millionen sagt man **1 Milliarde**.

In Asien leben 2 Milliarden 777 Millionen Menschen.

Übungen

1. Übertrage die Stellenwerttafel in dein Heft und trage die folgenden Zahlen ein.

Milliarden			Millionen			Tausender			
Hundert	Zehn	Eine	Hundert	Zehn	Eine	Hundert-	Zehn-	Ein-	Hunderter	Zehner	Einer
	1	2	0	0	0	0	0	0	0	0	0

Beispiel:
12 Milliarden = 12 000 000 000 ⟶

a) 7 Milliarden
b) 15 Milliarden
c) 435 Milliarden
d) 5 000 000 000
e) 743 000 000 000
f) 4 250 000 000
g) 16 365 000 000
h) 14 700 500 300

2. Lies die Zahlen in deiner Stellenwerttafel zu Aufgabe 1 vor.

3. a) Wieviel Millionen hat eine Milliarde?
b) Wieviel Tausender hat eine Million?
c) Wieviel Tausender hat eine Milliarde?

4. Zerlege in Milliarden (Mrd.), Millionen (Mio.), Tausender (T), Einer (E). Lies die Zahlen.
Beispiel: 52 147 396 425
= 52 Mrd. + 147 Mio. + 396 T + 425 E
a) 4 780 642 587
b) 8 040 720 004
c) 53 004 401 700
d) 23 576 253 442
e) 140 500 000 426
f) 275 000 504 000

5. Zähle zehn Zahlen weiter.
a) 2 000 000 000, 3 000 000 000, 4 000 000 000, ...
b) 5 500 000 000, 6 000 000 000, 6 500 000 000, ...

6. Schätze! Leben auf der Erde rund 500 Millionen, rund 5 Milliarden oder rund 50 Milliarden Menschen?

7. Ein Tag hat 86 400 Sekunden.
a) Schätze, wie lange du brauchst, um bis zu einer Million zu zählen, wenn du ohne Pause jede Sekunde eine Zahl weiterzählst (rund 6 Tage; 12 Tage; 6 Wochen?).
b) Wie lange würdest du bis zu einer Milliarde zählen (rund 6 Monate, 6 Jahre, 30 Jahre)?

Wir zählen bis zu den Billionen

Die Milliarde ist bereits eine kaum vorstellbar große Zahl. In manchen Bereichen treten aber noch größere Zahlen auf: Der unserem Sonnensystem nächste Stern ist 40 000 Milliarden Kilometer entfernt. Für diese riesige Zahl müssen wir unsere Stellenwerttafel noch einmal erweitern.

Billionen	Milliarden			Millionen			Tausender					
	Hundert	Zehn	Eine	Hundert	Zehn	Eine	Hundert-	Zehn-	Ein-	Hunderter	Zehner	Einer
40	0	0	0	0	0	0	0	0	0	0	0	0

40 000 Milliarden ⟶

Wir führen einen neuen Stellenwert für „1000 Milliarden" ein. Für 1000 Milliarden sagt man **1 Billion**. Der nächste Stern ist also 40 Billionen Kilometer von uns entfernt.

Übungen

1. Übertrage die Stellenwerttafel in dein Heft und trage die folgenden Zahlen ein.

Beispiel:
76 Billionen
= 76 000 000 000 000 ⟶

Billionen			Milliarden			Millionen			Tausender					
Hundert	Zehn	Eine	Hundert	Zehn	Eine	Hundert	Zehn	Eine	Hundert-	Zehn-	Ein-	Hunderter	Zehner	Einer
	7	6	0	0	0	0	0	0	0	0	0	0	0	0

a) 4 Billionen
b) 9 Billionen
c) 12 Billionen
d) 39 Billionen
e) 198 000 000 000 000
f) 212 000 000 000 000
g) 7 980 000 000 000
h) 98 150 000 000 000

2. Lies die Zahlen in deiner Stellenwerttafel zu Aufgabe 1 vor.

3. Wie viele Nullen hat:
a) eine Million
b) eine Milliarde
c) eine Billion
Präge dir die Anzahl der Nullen ein.

4. Zerlege in Billionen (B), Milliarden (Mrd.), Millionen (Mio.), Tausender (T) und Einer (E). Lies die Zahlen.
Beispiel:
2 473 567 420 005
= 2 B + 473 Mrd. + 567 Mio. + 420 T + 5 E
a) 1 250 400 000 000
b) 6 425 730 800 000
c) 9 179 212 398 167
d) 1 431 243 878 920
e) 39 267 706 032 100
f) 67 490 196 000 002
g) 190 076 671 200 098
h) 998 712 032 496 308

5. Zähle zehn Zahlen weiter.
a) 700 000 000 000, 800 000 000 000, …
b) 5 000 000 000 000, 6 000 000 000 000, …
c) 1 400 000 000 000, 1 600 000 000 000, …

6. Die Zahl 1387641988 kannst du schneller lesen, wenn du sie in Dreierpäckchen schreibst: 1 387 641 988. Schreibe diese Zahlen ebenso und lies sie laut vor.
a) 45268334195
b) 1352466113214
c) 5010203040806
d) 50102030408061

7. Versuche zu erfahren, wie groß der Bundeshaushalt ist. Der Bundeshaushalt ist das Geld, mit dem die Bundesregierung ein Jahr lang arbeiten kann. Ist der Bundeshaushalt größer oder kleiner als 1 Billion DM? Wir groß ist der Landeshaushalt von Nordrhein-Westfalen?

8. Lies diese Zahlen laut vor:

Billionen			Milliarden			Millionen			Tausender					
Hundert	Zehn	Eine	Hundert	Zehn	Eine	Hundert	Zehn	Eine	Hundert-	Zehn-	Ein-	Hunderter	Zehner	Einer
HB	ZB	B	HMrd.	ZMrd.	Mrd.	HMio.	ZMio.	Mio.	HT	ZT	T	H	Z	E
15.	14.	13.	12.	11.	10.	9.	8.	7.	6.	5.	4.	3.	2.	1.
												3	2	8
									4	9	0	7	3	1
					5	0	0	0	7	0	1	9	5	0
	9	3	4	3	2	8	0	0	2	1	7	0	0	0
3	2	9	1	7	6	2	4	8	6	7	9	8	3	6
0	4	1	7	7	1	3	2	2	1	6	0	8	2	0

9. Ein Quiz-Master fragt! Hat der Kandidat gewonnen?

Wie viele Millionen hat eine Billion?
Tausend!

10. Unsere Erde umkreist in einem Jahr einmal die Sonne. Die Erde legt dabei rund 900 000 000 000 m zurück.
Johannes ist elf Jahre alt. Er behauptet: „Seit meiner Geburt hat die Erde fast eine Billion Meter zurückgelegt."

11. Während der Geldentwertung im Jahre 1923 stiegen die Preise unaufhörlich. Im Januar 1923 kostete 1 kg Brot 165,00 RM (Reichsmark). Im November desselben Jahres kostete 1 kg Brot 200 000 000 000 RM. Wie viele Brote bekam man damals für 1 Billion RM?

12. Mit Riesenfernrohren und mit Radioteleskopen können die Astronomen in das Weltall sehen. Da gibt es riesige Entfernungen, die man sich kaum vorstellen kann.
a) Einer der uns am nächsten gelegenen Sterne heißt Centauri. Er ist über 39 Billionen Kilometer von uns entfernt.
Schreibe diese Zahl mit allen Nullen aus.
b) Es gibt mehr als 100 Milliarden Sterne in der „Milchstraße". Das Sternbild „Großer Hund" ist über 83 Billionen Kilometer von der Erde entfernt.
Schreibe auch diese beiden Zahlen mit allen Nullen auf.

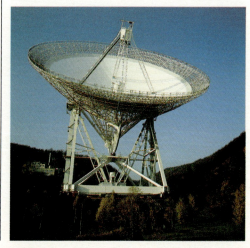

Wir untersuchen und vergleichen Zahlen

Der Schäfer zählt seine Schafe ab, die Fußballmannschaft steht nach Spielernummern geordnet. Nenne weitere Beispiele, bei denen Zahlen in ihrer Reihenfolge auftreten.
Die natürlichen Zahlen kann man der Größe nach ordnen. Diese Reihenfolge stellen wir an einem **Zahlenstrahl** dar.

Zahlenstrahl:
```
    Einheit
  ●─●─●─●─●─●─●─●─●─●─●─●─●─●─●─●──▶
  0 1 2 3 4 5 6 7 8 9 10 11 12 13 14 15
```

Am Zahlenstrahl sind die Zahlen von 0 an dargestellt. Die 0 steht ganz links am Anfang des Zahlenstrahls. Die nächsten Zahlen werden im gleichen Abstand nach rechts auf dem Zahlenstrahl markiert. Der Abstand von 0 bis 1 ist die *Einheit*. Die Pfeilspitze zeigt an, daß die nachfolgenden Zahlen bis ins Unendliche gehen.

Am Zahlenstrahl können wir Zahlen miteinander vergleichen. Zum Beispiel können wir leicht feststellen, welche von zwei Zahlen die größere ist. Die größere Zahl liegt immer weiter rechts.

13 ist größer als 7.	Dafür schreiben wir	$13 > 7$
Wir können umgekehrt sagen:		
7 ist kleiner als 13.	Dafür schreiben wir	$7 < 13$

Übungen

1. Zeichne einen Zahlenstrahl und trage die Zahlen von 0 bis 15 ein. Wähle als Einheit 1 cm.

2. Untersuche am Zahlenstrahl von Aufgabe 1: Welche Zahl ist größer, welche ist kleiner?
Benütze die Zeichen „<" und „>".
a) 0 und 6   c) 8 und 3
b) 7 und 10   d) 5 und 15
Wie viele natürliche Zahlen liegen jeweils zwischen den angegebenen Zahlen?

3. Oft können wir aus Platzgründen nicht alle Zahlen auf dem Zahlenstrahl eintragen. Übertrage die abgebildeten Zahlenstrahlen in dein Heft und trage die fehlenden Zahlen für die markierten Punkte ein.

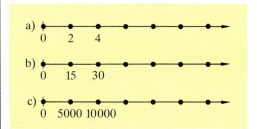

4. Zeichne einen Zahlenstrahl für die Zahlen von 0 bis 100. Zeichne nur die Null und die vollen Zehnerzahlen ein. Wähle eine geeignete Einheit.

5. Gib alle natürlichen Zahlen an, die zwischen den angegebenen Zahlen liegen.
a) 3 und 12   e) 99 und 101
b) 7 und 24   f) 78 und 93
c) 39 und 49   g) 284 und 302
d) 55 und 60   h) 791 und 803

6. Vergleiche die folgenden Zahlen. Setze anstelle von □ das Zeichen „<" oder „>" richtig ein.
a) 78 □ 87   e) 998 □ 1001
b) 191 □ 919   f) 1212 □ 1238
c) 567 □ 529   g) 2992 □ 2929
d) 391 □ 401   h) 57757 □ 57575

> Wir können eine Beziehung in einem **Pfeilbild** darstellen.
> Bei der Beziehung „… ist kleiner als…" verläuft der Pfeil von der kleineren Zahl zur größeren Zahl

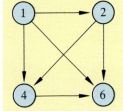

Jeder Pfeil bedeutet: „…ist kleiner als…"

7. Zeichne ein Pfeilbild für die Beziehung „…ist mehr wert als…".

8. Ordne folgende Länder nach ihrer Bevölkerungszahl (Stand 1982).

Land	Bevölkerungszahl
Belgien	9 900 000
Bundesrepublik Deutschland	61 300 000
Dänemark	5 100 000
Frankreich	54 300 000
Griechenland	9 800 000
Großbritannien	56 300 000
Italien	56 200 000
Luxemburg	360 000
Niederlande	14 300 000

9. Ordne die Planeten unseres Sonnensystems nach ihrer Entfernung von der Sonne.

Planet	Entfernung von der Sonne
Erde	149 500 000 km
Jupiter	777 800 000 km
Mars	227 900 000 km
Merkur	57 900 000 km
Neptun	4 496 500 000 km
Pluto	5 946 600 000 km
Saturn	1 425 600 000 km
Uranus	2 869 700 000 km
Venus	108 200 000 km

10. Ordne nach der Einwohnerzahl (Stand 1985):

Arnsberg	75 100
Berlin (West)	1 852 700
Bonn	292 600
Detmold	66 100
Dortmund	575 200
Düsseldorf	653 000
Köln	919 300
Münster	273 000

11. Der Kahle Asten im Rothaargebirge ist 841 m hoch, die Hohe Acht in der Eifel 746 m, die Nordhelle im Ebbegebirge 663 m, die Zugspitze in den Alpen 2963 m, der Feldberg im Schwarzwald 1493 m, der Homert im Lennegebirge 663 m. Zeichne ein Pfeilbild für die Beziehung „…ist höher als…".

Wir runden Zahlen

Große Zahlen mit vielen verschiedenen Ziffern kann man sich nicht gut merken. Solche Zahlen rundet man oft auf Zehner oder Hunderter oder Tausender oder …, weil man sie so besser behalten kann. Peter hat die Einwohnerzahl von Essen auf volle Hunderttausender gerundet.

Runden einer Zahl bedeutet, daß eine annähernd gleich große Zahl bestimmt wird, die man besser übersehen kann.

Um einheitlich runden zu können, wurde festgelegt:

Beim **Runden** von Zahlen betrachten wir die Ziffer *rechts* von der Stelle, auf die gerundet werden soll.

Ist diese Ziffer **0**, **1**, **2**, **3** oder **4**, so runden wir *nach unten* ab.

Ist diese Ziffer **5**, **6**, **7**, **8** oder **9**, so runden wir *nach oben* auf.

Beim Runden verwenden wir das Zeichen „≈" („ist ungefähr gleich", „rund").

Beispiele

1. Runden auf volle Zehner:
230
231
232
233 ≈ 230
234
235
236
237 ≈ 240
238
239

2. Runden auf volle Hunderter:
1 763 km ≈ 1 800 km
1 747 km ≈ 1 700 km
15 950 DM ≈ 16 000 DM
15 949 DM ≈ 15 900 DM

3. Runden auf volle Zehntausender:
785 000 ≈ 790 000
465 609 ≈ 470 000
123 690 047 ≈ 123 700 000

Übungen

1. Welche Zahlenangaben müssen ganz genau sein? Bei welchen darfst du runden?
a) Heikes Schulweg ist 2 km 375 m lang.
b) Heike wurde am 18. 10. 1976 geboren.
c) Heikes Heimatort Wipperfürth hat 20 415 Einwohner.
d) Die Postleitzahl von Wipperfürth ist 5272.

2. Stelle die Zahlenangaben zusammen. Welche Zahlenangaben sind ganz genau? Welche sind gerundet?
a) Mein Schulweg ist … km lang.
b) Ich wurde am … geboren.
c) Mein Heimatort hat … Einwohner.
d) Mein Wohnort hat die Postleitzahl …

3. Runde auf volle Zehner.
a) 143   d) 368   g) 991   j) 6478
b) 147   e) 931   h) 999   k) 7821
c) 362   f) 978   i) 7342 l) 84 539

4. Runde auf volle Hunderter.
a) 3452 d) 3400 g) 72 431 j) 81 920
b) 3450 e) 3490 h) 69 212 k) 81 970
c) 3431 f) 3498 i) 85 407 l) 25 252

5. Runde auf volle Tausender.
a) 34 500   e) 192 420   i) 193 557
b) 39 200   f) 82 831   j) 89 732
c) 63 800   g) 51 751   k) 61 852
d) 75 200   h) 178 999   l) 114 631

6. Runde auf Zehner, Hunderter, Tausender, Zehntausender, Hunderttausender, Millionen.
a) 1 234 567   b) 7 896 543   c) 73 737 373

7. Wer kann die Zahlenmonster auf volle Milliarden runden?
a) 2 435 674 125   c) 360 942 107 736
b) 15 936 700 421   d) 893 971 392 212

8. Ein Auto kostet 22 698 DM, ein anderes kostet 23 278 DM. Warum kann man die Preise nicht vergleichen, wenn auf Tausender gerundet wird?

9. a) Ordne die folgenden Berge des Rothaargebirges der Höhe nach untereinander an:
Langenberg (843 m), Ederhopf (676 m), Ebschloh (684 m), Härdler (750 m), Kahler Asten (841 m), Hunau (818 m), Dreiherrnstein (673 m).
Haben die Berge ganz genau diese Höhen oder wurde schon gerundet?
b) Runde die Höhen auf Zehner, dann auf Hunderter, dann auf Tausender. Ordne die Berge nach den gerundeten Höhen. Was stellst du fest? Vergleiche die verschiedenen Anordnungen.

10. Der Rechenmeister Adam Riese wurde 1492 in Staffelstein geboren. In der Karte sind die heutigen Einwohnerzahlen von Orten seiner Heimat Oberfranken angegeben. Die Zahlen sind gerundet.
a) Ordne die Orte nach den Einwohnerzahlen.
b) Gib an, wie gerundet wurde.
c) Kann man diese Orte nach den Einwohnerzahlen ordnen, wenn auf volle Tausender gerundet würde?

Staffelstein 4 800
Lichtenfels 11 300
Coburg 45 000
Kronach 10 600
Bamberg 71 000

11. Die folgenden Zahlen wurden auf Hunderter gerundet. Gib jeweils die größte und die kleinste Zahl an, aus der die gerundete Zahl entstanden sein kann.
100; 800; 1000; 6500; 9000; 10 000; 100 000

Vergleichen und Ordnen von Zahlen und Größen

12. Löse schrittweise.
1. Schritt: Runde auf volle Zehner.
2. Schritt: Runde auf volle Hunderter.
3. Schritt: Vergleiche die Ergebnisse aus 1. und 2.
a) 143 c) 991 e) 9999
b) 368 d) 7339 f) 30 516

13. Runde auf volle Tausender.
a) 34 500 f) 75 200 k) 178 999
b) 34 300 g) 192 420 l) 193 557
c) 39 200 h) 82 831 m) 89 732
d) 63 800 i) 51 751 n) 89 499
e) 63 500 j) 51 749 o) 61 852

14. Rechne zuerst aus und runde das Ergebnis auf volle Zehner. Runde danach die Zahlen vor dem Ausrechnen auf volle Zehner und rechne erst dann aus. Vergleiche.
a) 16 · 25   f) 61 · 604
b) 19 · 14   g) 73 · 42
c) 21 · 84   h) 738 + 164 + 279
d) 27 · 31   i) 319 − 274 + 326
e) 72 · 45   j) 1240 + 239 + 184

15. Runde zu vollen Zehnern, Hundertern, Tausendern, Zehntausendern.
a) 5613 d) 7 373 737
b) 1 234 567 e) 737 373
c) 6 785 432 f) 9 954 521

16. Schreibe alle vierstelligen Zahlen auf, die du aus diesen Kärtchen legen kannst.

Ordne sie der Größe nach und runde sie dann auf volle Hunderter.

17. Welche Zahlen lassen sich auf 20 runden? Welche auf 40?

18. Wie viele natürliche Zahlen gibt es, die sich auf 100 runden lassen?

19. Runde auf volle Millionen.
a) 1 583 906 d) 702 473 989
b) 776 678 e) 100 482 531
c) 99 499 999 f) 1 112 111 211

20. a) Da liegt Geld. Wieviel?
Runde den Betrag auf volle D-Mark.

b) Welchen Betrag darfst du wegnehmen, damit immer noch derselbe gerundete Betrag herauskommt?

21. Bei einem Fußballspiel wurden 36 938 Eintrittskarten verkauft. Der Kassierer berichtet: „Wir haben rund 30 000 Karten verkauft." Ist das richtig?
Wäre es richtig, wenn er gesagt hätte, „Wir haben rund 37 Tausend Karten verkauft"?

22. Wie viele Schritte brauchst du, um den Schulhof zu umlaufen? Runde die Schrittzahl auf volle Zehner und volle Hunderter. Welche Zahlen stimmen mit denen der Klassenkameraden überein?

Wir zeichnen Schaubilder

Wenn man Zahlen übersichtlich miteinander vergleichen will, dann stellt man sie oft in **Schaubildern** dar. Auf dieser Seite siehst du ein Beispiel für ein Schaubild mit **Bildzeichen** und ein **Blockdiagramm**.

Beispiele

1. Wir stellen die Einwohnerzahlen von vier Städten in einem Schaubild dar. Dabei werden die gerundeten Einwohnerzahlen durch **Bildzeichen** veranschaulicht.

Münster: 273 000   gerundet: 300 000   Düsseldorf: 563 000   gerundet: 600 000
Aachen: 239 200   gerundet: 200 000   Duisburg: 520 000   gerundet: 500 000

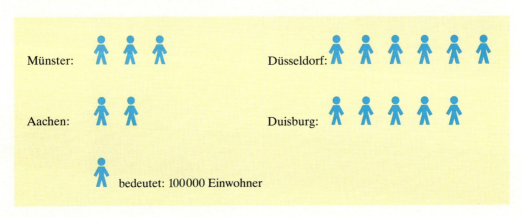

2. Wir vergleichen die Längen verschiedener Flüsse miteinander. Dazu stellen wir die Flußlängen in einem Schaubild dar. Die gerundeten Flußlängen werden durch die Längen von Blöcken veranschaulicht. Ein solches Schaubild heißt **Blockdiagramm**.

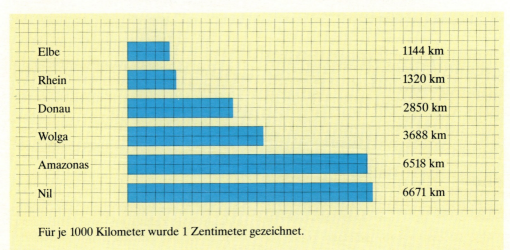

3. In dem **Stabdiagramm** sind die Höhen verschiedener Berge dargestellt.

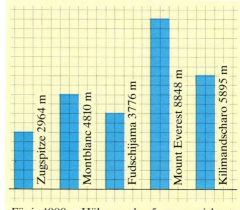

Die Zahlen wurden vor dem Zeichnen des Schaubildes gerundet.
2964 m ≈ 3000 m   entsprechen 15 mm
4810 m ≈ 5000 m   entsprechen 25 mm
3776 m ≈ 4000 m   entsprechen 20 mm
8848 m ≈ 9000 m   entsprechen 45 mm
5895 m ≈ 6000 m   entsprechen 30 mm

Für je 1000 m Höhe wurden 5 mm gezeichnet.

Übungen

1. Stelle die Bevölkerungszahlen (1982) folgender Länder mit Hilfe von Bildzeichen dar. Zeichne für je zehn Millionen Einwohner ein 🧍. Runde entsprechend.
Bundesrepublik Deutschland 61 Millionen, Frankreich 54 Millionen, Spanien 36 Millionen, Großbritannien 56 Millionen, Italien 56 Millionen, Schweden 8 Millionen.

2. a) Entnimm dem Schaubild, wie viele Nachkommen die verschiedenen Tierarten durchschnittlich pro Jahr haben.
b) Zeichne ein Blockdiagramm.

Nachkommenschaft pro Jahr

Kaninchen:
Bussard:
Sperling:
Rebhuhn:
Fuchs:

3. Stelle die Höhen folgender bekannter Bauwerke an einem Stabdiagramm dar.
Empire-State-Building (New York)   380 m
Eiffelturm (Paris)   320 m
Dortmunder Fernsehturm   212 m
Kölner Dom   156 m
Bayerschornstein (Leverkusen)   200 m
Zeichne 1 cm für je 100 m Höhe.

4. Stelle die Besucherzahlen eines Kinos in einem Blockdiagramm dar.
Montag: 108 Besucher; Dienstag: geschlossen; Mittwoch: 176 Besucher; Donnerstag: 192 Besucher; Freitag: 318 Besucher; Samstag: 340 Besucher; Sonntag: 252 Besucher.

5. Sammle Schaubilder aus Zeitungen und klebe sie in dein Heft. In welchen Schaubildern werden Bildzeichen benutzt? Welche Schaubilder sind Blockdiagramme oder Stabdiagramme?

6. a) Vergleiche die Bevölkerungszahlen (1982) folgender Erdteile in einem Schaubild: Europa 766 Millionen, Amerika 658 Millionen, Afrika 537 Millionen, Australien 24 Millionen. Runde die Zahlen zunächst auf zehn Millionen.
b) Warum kannst du Asien mit 2777 Millionen Einwohnern nur schwer mit den Einwohnerzahlen der anderen Erdteile in diesem Schaubild vergleichen?

3. Andere Schreibweisen von Zahlen

Wir schreiben römische Zahlzeichen

Nicht immer wurden die Zahlen so geschrieben wie wir das heute tun. Was Inge geschrieben hat, können wir leicht lesen. Peter hat dieselben Zahlen ganz anders geschrieben. Er hat **römische Zahlzeichen** benutzt. Sie sind schon über 2000 Jahre alt.

Die römischen Zahlzeichen:	I eins	X zehn	C hundert	M tausend
	V fünf	L fünfzig	D fünfhundert	

Beispiele

Schreibt man zum Beispiel das Zahlzeichen I, X, C oder M mehrmals hintereinander, so werden die Zahlenwerte *addiert*.

1. III = 1 + 1 + 1 = 3
2. CC = 100 + 100 = 200
3. MM = 1000 + 1000 = 2000

Addiert wird auch, wenn rechts neben einem Zahlzeichen ein anderes mit einem kleineren Zahlenwert steht.

1. XI = 10 + 1 = 11
2. MMI = 1000 + 1000 + 1 = 2001
3. LX = 50 + 10 = 60

Schreibt man eine kleinere Zahl vor eine größere, so wird sie *subtrahiert*.

1. IX = 10 − 1 = 9
2. XC = 100 − 10 = 90

Andere Schreibweisen von Zahlen

Übungen

1. Lies die Zahlen in den Bildern. Schreibe sie mit unseren Ziffern.

2. Lies und schreibe mit unseren Ziffern.
a) XXVI
b) LXXIII
c) XXXIV
d) CCLXII
e) CCCXXIV
f) CCLXVII
g) DL
h) DLXXV
i) DCCXXVIII
j) CDLXIV
k) MDCXXI
l) MMCCCXXV
m) CMXXIII
n) MCDX
o) MMMDCCLXXII
p) MMMIV

3. Schreibe mit römischen Zahlzeichen. Beachte, daß höchstens dreimal dasselbe Zahlzeichen nebeneinander stehen darf.
a) 16
b) 17
c) 23
d) 34
e) 35
f) 52
g) 61
h) 84
i) 88
j) 91
k) 213
l) 352
m) 373
n) 374
o) 415
p) 516
q) 628
r) 745

4. a) Gib das heutige Datum mit römischen Zahlzeichen an.
b) Gib dein Geburtsdatum mit römischen Zahlzeichen an.

5. Drehe die Zettel in die richtige Lage und ordne die daraufstehenden römischen Zahlen der Größe nach.

6. Im Jahre DCCC wurde am XXV. XII. Karl der Große von Papst Leo III. in Rom zum Kaiser gekrönt. Gib die römischen Zahlzeichen mit unseren Ziffern an.

7. Schreibe mit römischen Ziffern:
a) 1
b) 11
c) 111
d) 1114
e) 9
f) 99
g) 999
h) 3990
i) 5
j) 55
k) 555
l) 2559

8. Schreibe die Zahl 1388 auf zwei verschiedene Arten mit römischen Ziffern.

9. Die italienische Post gab zu den XVII. Olympischen Spielen in Rom eine Sondermarke heraus.

a) Um die wievielten Olympischen Spiele handelte es sich?
b) In welchem Jahr fanden die Olympischen Spiele statt? Die Zahl steht über den fünf Olympischen Ringen.

Wir schreiben Zahlen im Dualsystem

Das **Dualsystem** (Zweiersystem, lat. duo = zwei) ist ein sehr wichtiges Ziffernsystem, denn die elektronischen Computer rechnen mit ihm.

Im Gegensatz zu den reihenden Systemen (Ägypter, Griechen, Römer), wo die Zahlzeichen aneinandergereiht werden, ist das Dualsystem ein Stellenwertsystem. Das bedeutet, es ist nach demselben Prinzip wie unser Zehnersystem aufgebaut.

Die Stellenwerte sind aber nicht die Stellenwerte des Zehnersystems 1, 10, 100, 1000, ..., sondern die des Zweiersystems 1, 2, 4, 8, 16, ...

Zur Zahldarstellung benötigen wir nur zwei Ziffern, und zwar 0 und 1, denn es gilt:
2 Einer = 1 Zweier; 2 Zweier = 1 Vierer; 2 Vierer = 1 Achter; 2 Achter = 1 Sechzehner; ...

Wenn wir das beachten, können wir Zahlen leicht zwischen Dualsystem und Zehnersystem umrechnen.

Beispiel

Die Zahl 23 des Zehnersystems lautet im Dualsystem 10111. Das lesen wir: „eins-null-eins-eins-eins".

Denn: 23 = 1 Sechzehner + 0 Achter + 1 Vierer + 1 Zweier + 1 Einer
23 = $\quad 1 \cdot 16 \quad + \quad 0 \cdot 8 \quad + \quad 1 \cdot 4 \quad + \quad 1 \cdot 2 \quad + \quad 1 \cdot 1$

Wir schreiben das in eine Stellenwerttafel:

...	64	32	16	8	4	2	1
			1	0	1	1	1

23 →   → 10111

Darstellung im Zehnersystem   *Darstellung im Dualsystem*

Das Umwandeln zeigen wir noch weiter an Beispielen.

Beispiel

Zahl im Zehnersystem

		...	32	16	8	4	2	1		*Zahl im Dualsystem*
4 =	$1 \cdot 4 + 0 \cdot 2 + 0 \cdot 1$ →					1	0	0	→	100
7 =	$1 \cdot 4 + 1 \cdot 2 + 1 \cdot 1$ →					1	1	1	→	111
30 =	$1 \cdot 16 + 1 \cdot 8 + 1 \cdot 4 + 1 \cdot 2 + 0 \cdot 1$ →			1	1	1	1	0	→	11110
35 =	$1 \cdot 32 + 0 \cdot 16 + 0 \cdot 8 + 0 \cdot 4 + 1 \cdot 2 + 1 \cdot 1$ →		1	0	0	0	1	1	→	100011

Beispiel

Zahl im Dualsystem

	...	32	16	8	4	2	1			*Zahl im Zehnersystem*
110 →					1	1	0	→	$1 \cdot 4 + 1 \cdot 2 + 0 \cdot 1 =$	6
10001 →			1	0	0	0	1	→	$1 \cdot 16 + 0 \cdot 8 + 0 \cdot 4 + 0 \cdot 2 + 1 \cdot 1 =$	17
101010 →		1	0	1	0	1	0	→	$1 \cdot 32 + 0 \cdot 16 + 1 \cdot 8 + 0 \cdot 4 + 1 \cdot 2 + 0 \cdot 1 =$	42
100110 →		1	0	0	1	1	0	→	$1 \cdot 32 + 0 \cdot 16 + 0 \cdot 8 + 1 \cdot 4 + 1 \cdot 2 + 0 \cdot 1 =$	38

Andere Schreibweisen von Zahlen

Mit Dualzahlen arbeiten auch Computer in ihrem Inneren. Hier siehst du eine Maschine, die Dualzahlen anzeigt. Bei Ziffer 1 leuchtet ein Lämpchen auf, und bei der Ziffer 0 bleibt es dunkel.

Zahl im Dualsystem:	1001	1100	11111
Leuchtanzeige:	○○●○○●	○○○●●○○	○●●●●●
Zahl im Zehnersystem:	9	12	31

Damit wir wissen, in welchem Ziffernsystem Zahlen dargestellt sind, schreiben wir rechts unten an das Zahlzeichen in kleinerer Schrift die *Systemzahl*.

Beispiel

21_{10} ist „einundzwanzig" im Zehnersystem
101_{10} ist „einhunderteins" im Zehnersystem
101_2 ist „eins-null-eins" im Dualsystem
1010_2 ist „eins-null-eins-null" im Dualsystem
Es gilt: $101_2 = 5_{10}$, $100_2 = 4_{10}$, $111_2 = 7_{10}$, ...
und das lesen wir: „eins-null-eins im Dualsystem ist 5 im Zehnersystem", ...

Übungen

1. Übersetze aus dem Dualsystem in das Zehnersystem.

a) 101 f) 1101 k) 11111
b) 110 g) 1011 l) 10011
c) 100 h) 10010 m) 10111
d) 111 i) 11100 n) 110011
e) 1001 j) 10101 o) 111101

2. Welche Zahlen zeigt die Maschine an? Übersetze in das Zehnersystem.

a)   c) ○●●●●○

b) ○●○○○●   d) ○●●●●●

3. Übersetze in das Dualsystem.

a) 5   i) 20   q) 81
b) 6   j) 24   r) 90
c) 7   k) 48   s) 95
d) 9   l) 50   t) 129
e) 12 m) 62   u) 145
f) 14 n) 64   v) 170
g) 17 o) 71   w) 208
h) 19 p) 79   x) 250

4. Elias hat ein Stück eines Briefes gefunden. Er will es lesen, aber er kann zunächst nichts mit dem Text anfangen. Der Text scheint ihm unsinnig zu sein.
Da fällt ihm ein, daß es eine Geheimschrift sein könnte.

> ... waren 11 Löwen, jeder hatte 100 Beine, alle Löwen zusammen hatten 1100 Beine. Morgen nachmittag beginnt eine Vorstellung. Eintritt kostet 10 DM für Kinder. Für je 1010 Kinder gibt es eine Freikarte. Alle 1010 Karten kosten nur 10010 DM. Ich kann Dich morgen abho... Kommst Du mit?

Erkläre diese Geheimschrift.

5. Zeichne eine Uhr mit einem Zifferblatt, dessen Ziffern in Dual-Schreibweise dargestellt sind.

Geometrische Formen

4. Geometrische Grunderfahrungen

Das Wort **Geometrie** ist aus griechischen Wörtern entstanden und bedeutet soviel wie Erdmessung oder Landmessung.

Was läßt sich auf der Erde oder in unserer Umwelt messen?

Der *Abstand* zwischen Brücke und Fernsehturm.

Die *Länge* des Drahtseiles bei einem Kran.

Die *Größe einer Fläche*, die jemand umgräbt.

Der *Rauminhalt* von Verpackungen.

Auch in der Geometrie verwendet man diese Begriffe. Wir werden zum Beispiel untersuchen:

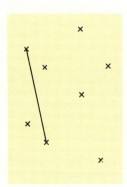

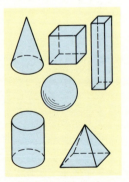

Den *Abstand* von *Punkten*.

Die *Länge* von *Linien*.

Den *Flächeninhalt* von *Flächen*.

Den *Rauminhalt* von *Körpern*.

In der Geometrie betrachten wir die Eigenschaften von Punkten, Linien, Flächen und Körpern; deren Form, Größe und Lage zueinander.

Wir zeichnen gerade Linien

Brigitte und Dieter haben versucht, eine **gerade Linie** an die Wandtafel zu zeichnen. Brigittes Linie ist zweifellos besser gelungen als die Linie, die Dieter gezeichnet hat.

Kannst du sagen, warum?

In der Geometrie befassen wir uns mit Figuren. Daher ist es selbstverständlich, daß wir auf diesem Gebiet der Mathematik auch Zeichnungen anfertigen. Dazu benötigen wir Lineal oder Geodreieck.

Übungen

1. Nimm ein Blatt Papier von der Größe eines Schulheftes.
a) Falte das Blatt Papier einmal und klappe es dann wieder auf. Es ist eine Faltlinie entstanden. Lege das Lineal entlang der Faltlinie und stelle fest, ob sie gerade ist. Miß die Länge der Faltlinie.
b) Wie mußt du das Blatt Papier falten, damit du die längste Faltlinie erhältst, die möglich ist? Wie lang ist diese Faltlinie? Miß.

2. a) Wo erkennst du gerade Linien in deinem Klassenraum?
b) Sieh dir eine Seite in deinem Schreibheft an. Gibt es auf dieser Seite gerade Linien?
c) Findest du auch auf deinem Geodreieck gerade Linien?

3. Frank zeichnet mehrere Linien auf ein Blatt Papier, und zwar:
a) an einem Bleistift entlang,
b) um eine Geldmünze herum,
c) an einem Etui entlang,
d) längs einer Buchkante,
e) um seine Hand herum.
Welche Linien sind gerade?

4. Zeichne drei Punkte in dein Heft, die nicht auf einer geraden Linie liegen. Bezeichne die Punkte mit A, B und C.
a) Zeichne durch den Punkt A drei verschiedene Linien mit dem Lineal.
b) Verbinde die Punkte B und C durch eine gerade Linie.

5. Zeichne vier Punkte in dein Heft, so daß niemals drei Punkte auf derselben geraden Linie liegen. Verbinde alle Punkte durch gerade Linien miteinander. Wie viele Linien erhältst du?

6. Martina und Uli haben im Garten ihrer Eltern ein Stück Land, das sie selbst bearbeiten dürfen. Sie ziehen auf einem Beet eine gerade Rille mit Hilfe einer Schnur. Erkläre, wie sie das machen.

Wir zeichnen und messen mit dem Geodreieck

Betrachte dein Geodreieck. Von den vielen Maßeinteilungen benutzen wir zunächst nur die Zentimetereinteilung an der längsten Seite des Geodreiecks.

Anders als beim gewöhnlichen Lineal liegt hier der Nullpunkt in der Mitte. Wir können von diesem Punkt 0 aus nach beiden Seiten messen und zeichnen.

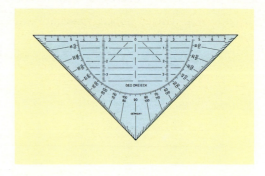

Beispiel

Zeichne mit dem Geodreieck eine gerade Linie, die 11 cm lang ist.

Lösung:
Wir beginnen, wie in der nebenstehenden Zeichnung dargestellt, bei der Markierung 5 auf der linken Hälfte der Zentimetereinteilung und zeichnen über 0 hinaus weiter bis zur Markierung 6 auf der rechten Hälfte, denn:
$$5\,\text{cm} + 6\,\text{cm} = 11\,\text{cm}$$

Kennst du weitere Möglichkeiten? Probiere sie aus.

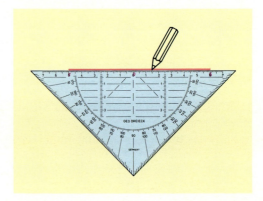

Übungen

1. Steht der Brückenpfeiler in der Mitte der Brücke? Wieviel Zentimeter sind es in der Zeichnung bis zum linken, wieviel bis zum rechten Ende der Brücke?

2. Michael hat eine Treppenfigur gezeichnet, die rechts und links von der roten Linie genau gleich sein soll.
Hat Michael in seiner Zeichnung irgendwo Fehler gemacht? Prüfe mit dem Geodreieck nach.

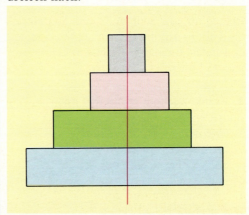

Geometrische Grunderfahrungen

3. Übertrage den halben Tannenbaum in dein Heft und ergänze die fehlende Hälfte.

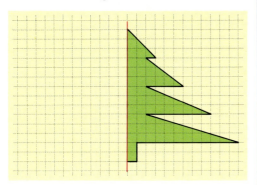

4. Der Teil der Figur rechts der roten Linie soll nach links in doppelter Länge fortgesetzt werden. Übertrage die Zeichnung in dein Heft und ergänze den linken Teil.

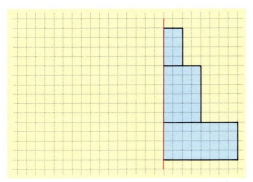

5. a) Das Haus in der folgenden Zeichnung soll eines von fünf gleichen Reihenhäusern sein. Übertrage es in dein Heft und zeichne die übrigen Häuser hinzu.

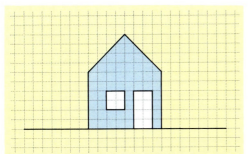

b) Entwirf ein eigenes Hausmodell. Zeichne eine Reihe von fünf gleichen Reihenhäusern.

6. Miß die Längen der Strecken. Welche Strecken sind gleich lang?

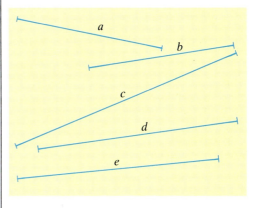

7. a) Welche Linien sind sicher nicht mit dem Geodreieck gezeichnet worden?

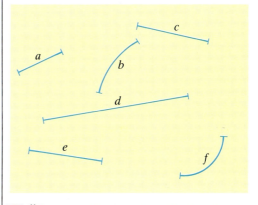

b) Übertrage die Strecken der Zeichnung so nebeneinander in dein Heft, daß daraus eine einzige Strecke entsteht.
c) Wie lang ist die entstandene Strecke in deinem Heft?

8. Zeichne mit Hilfe des Geodreiecks Strecken, die folgende Längen haben.
a) 8 cm   d) 3 cm   g) 9,3 cm
b) 6 cm   e) 9 cm   h) 2,1 cm
c) 5 cm   f) 12 cm   i) 7,2 cm

9. Zeichne in dein Heft von einem Punkt aus acht 5 cm lange Strecken in verschiedene Richtungen. Wenn du dein Geodreieck benutzt, kannst du immer zwei Linien gleichzeitig zeichnen.

Wir zeichnen Strecken, Geraden und Halbgeraden

An den Gebäuden sehen wir verschiedene Arten von Linien: gerade, gekrümmte, geknickte Linien.

Gerade Linien können wir mit dem Lineal oder dem Geodreieck zeichnen.
Wir unterscheiden bei geraden Linien: **Strecken**, **Geraden** und **Halbgeraden**.

Eine **Strecke** ist eine gerade Linie, die an beiden Enden durch Punkte begrenzt ist.

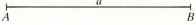

Eine **Gerade** ist eine gerade Linie, die nicht durch Endpunkte begrenzt ist.

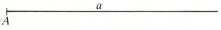

Eine **Halbgerade** ist eine gerade Linie, die an nur einem Ende begrenzt ist.

Oft bezeichnen wir gerade Linien mit kleinen lateinischen Buchstaben, z.B. $a, b, c, \ldots$
Bei Strecken schreiben wir beispielsweise auch $a = 5$ cm. Das bedeutet dann, daß a für die Streckenlänge steht, die hier 5 cm beträgt.

Übungen

1. Sieh dir die verschiedenen Linien in der nebenstehenden Zeichnung an.
a) Welche Linien sind gerade Linien?
b) Welche Linien sind Strecken, welche Halbgeraden, welche Geraden?
c) Miß die Längen der Strecken und zeichne sie in dein Heft.
d) Vergleiche die Streckenlängen und ordne sie der Größe nach.

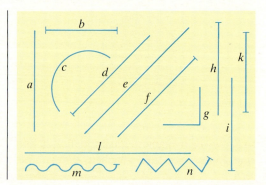

Geometrische Grunderfahrungen

2. a) Kann man die Länge einer Geraden messen? Begründe deine Antwort.
b) Kann man die Länge einer Halbgeraden messen? Begründe deine Antwort.
c) Kann man die Länge einer Strecke messen? Begründe deine Antwort.

3. Welche Linien in diesen Bildern sollen Geraden, Halbgeraden, Strecken darstellen?

a)
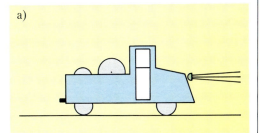

b)

4. Zeichne in dein Heft fünf verschiedene Geraden und kennzeichne sie mit den Buchstaben a, b, c, d, e.

5. Zeichne in dein Heft fünf Strecken und kennzeichne sie mit den Buchstaben m, n, o, p, q. Benenne die Endpunkte mit großen Buchstaben.

6. Wie viele Geraden, wie viele Halbgeraden und wie viele Strecken sind in der Zeichnung dargestellt?

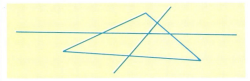

7. Was meinst du, sind die Seiten des Vierecks gerade Linien? Prüfe mit dem Geodreieck nach.

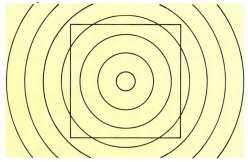

8. Zeichne fünf Punkte in dein Heft. Verbinde die Punkte untereinander so, daß sich die Verbindungsstrecken nicht kreuzen. Wie viele Verbindungsstrecken kannst du in deine Figur einzeichnen?

9. a) Betrachte das folgende Bild. Auf welchem Weg kommt Markus am schnellsten nach Hause? Schätze zuerst, dann miß nach.
b) Zeichne in dein Heft ein ähnliches Bild mit vier verschiedenen Wegen. Wie lang ist jeder Weg?
c) Zeichne in dein Bild auch den kürzesten Weg ein. Wie verläuft er?

Wir unterscheiden senkrechte und parallele Linien

Wir falten ein Blatt Papier. Dabei entsteht eine Faltlinie. Dann falten wir das Blatt ein zweites Mal so, daß beide Teile der Faltlinie aufeinanderfallen.

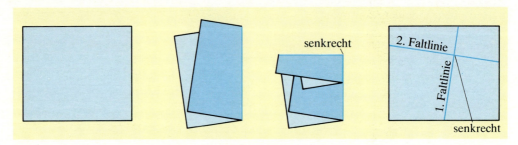

Man sagt: Die Faltlinien stehen **senkrecht** aufeinander.

Jetzt falten wir das Blatt Papier noch einmal so, daß eine zweite senkrechte Faltlinie entsteht.

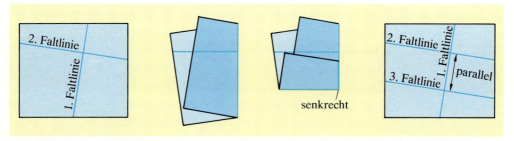

Die 2. und 3. Faltlinie haben überall denselben Abstand voneinander. Man sagt: Sie sind zueinander **parallel**.

Linien, die zueinander senkrecht oder parallel sind, begegnen uns oft.

Beispiele

Geometrische Grunderfahrungen

Auf dem Geodreieck gibt es senkrechte und parallele Linien. Durch Anlegen des Geodreiecks können wir überprüfen, ob zwei Geraden genau senkrecht aufeinanderstehen oder ob zwei Geraden genau parallel verlaufen.

Beispiele

1.
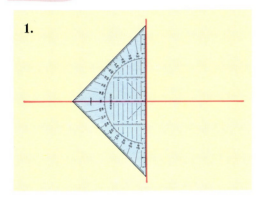

2.
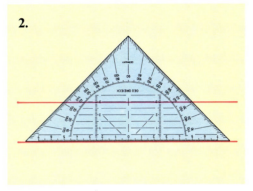

Übungen

1. a) Falte ein Blatt Papier so, daß zwei zueinander senkrechte Faltlinien entstehen. Prüfe mit dem Geodreieck, ob du genau gefaltet hast.
b) Falte in ein Blatt Papier parallele Faltlinien. Prüfe mit dem Geodreieck nach.

2. Zeige im Klassenraum Linien, die
a) zueinander senkrecht sind,
b) zueinander parallel sind.

3. a) Wie stellt der Maurer fest, ob eine Mauer senkrecht zum Fundament eines Hauses steht?
b) Peter sagt: „Alle Mauern stehen senkrecht zum Untergrund." Inge antwortet: „Warst du schon einmal in Pisa?"

4. Welche Geraden sind zueinander parallel? Welche Geraden stehen senkrecht aufeinander? Prüfe mit dem Geodreieck nach.

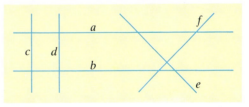

5. Welche Seiten der Figuren sind zueinander parallel, welche stehen senkrecht aufeinander?

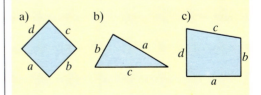

6. Sind die Geraden zueinander parallel?

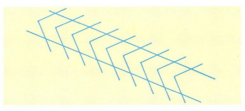

Wir zeichnen senkrechte und parallele Geraden

Wir zeichnen mit dem Geodreieck.

Beispiele

1. Zeichne zu einer Geraden g eine Parallele im Abstand von 2 cm.

2. Zeichne durch den Punkt P die Parallele zur Geraden g.

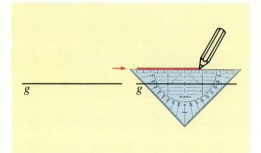
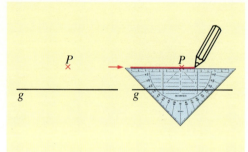

3. Zeichne durch den Punkt P eine Gerade, die senkrecht zur Geraden g ist. Es gibt zwei Fälle:
a) P liegt auf der Geraden.
b) P liegt nicht auf der Geraden.

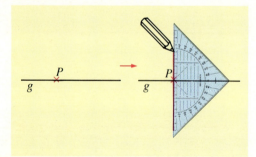
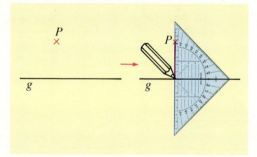

Übungen

1. Zeichne eine Strecke von 7 cm Länge und errichte genau in der Mitte eine Senkrechte.

2. Zeichne zu einer Geraden g eine Parallele im Abstand von 3 cm.

3. Zeichne eine Gerade g und mit unterschiedlichem Abstand von g zwei Punkte A und B. Zeichne durch die Punkte A und B Geraden parallel zur Geraden g. Sind die beiden Geraden durch die Punkte A und B zueinander parallel.

4. Markiere auf einer Geraden g einen Punkt P und errichte dort die Senkrechte.

5. Zeichne oberhalb einer Geraden eine Parallele im Abstand von 10 mm, darüber eine Parallele im Abstand von 8 mm, darüber eine Parallele im Abstand von 6 mm und darüber noch eine im Abstand von 4 mm.

6. Zeichne eine Gerade g und einen Punkt P, der nicht auf der Geraden liegt.
a) Zeichne durch den Punkt P die Parallele zu g.
b) Zeichne durch den Punkt P die Senkrechte zu g.

Geometrische Grunderfahrungen

7. Zeichne zwei parallele Geraden a und b im Abstand von 3 cm. Zeichne zur Geraden b eine Parallele c im Abstand von 1 cm. Welchen Abstand haben die beiden Geraden a und c voneinander? (Zwei Lösungen!)

8. Zeichne zwei parallele Geraden mit einem Abstand von 3 cm. Dann zeichne zwei weitere parallele Geraden mit einem Abstand von 3 cm so, daß sie die ersten Parallelen schräg schneiden. Du erhältst ein Viereck. Miß nach, wie lang die Seiten sind.

9. Zeichne zu einer gegebenen Geraden g nacheinander im Abstand von je 0,3 cm 15 parallele Geraden. Dann miß den Abstand zwischen den beiden äußersten Geraden und stelle fest, wie genau du konstruiert hast.

10. Zeichne eine Gerade g. Zeichne vier weitere Geraden a, b, c und d, die zur Geraden g senkrecht sind. Welche Eigenschaft haben a, b, c und d?

11. Zeichne eine Leiter von 10 cm Länge und 2 cm Breite. Die Leiter soll zehn Sprossen besitzen, wobei die erste Sprosse in einer Höhe von 0,5 cm beginnt.

12. Übertrage das Viereck $ABCD$ mit den beiden Diagonalen in dein Heft. Überziehe das Viereck mit einem Gitternetz, indem du zu den Diagonalen im Abstand von jeweils 0,8 cm Parallelen ziehst. Welcher der vier Eckpunkte liegt auf einer Parallelen?

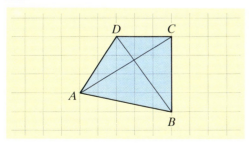

13. Verfahre wie in Aufgabe 12. Wähle jetzt als Abstand zur Diagonalen 0,4 cm.

14. a) Übertrage das Dreieck mit den Eckpunkten A, B und C auf ein Blatt mit Rechenkästchen. Dann zeichne zu jeder der Strecken a, b und c die Parallele durch den gegenüberliegenden Eckpunkt. Beschreibe die aus den Parallelen entstehende Figur.

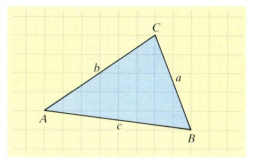

b) Übertrage die Figur ein zweites Mal. Dann zeichne zu jeder Strecke a, b und c innen und außen eine Parallele im Abstand von 0,5 cm.

15. Zeichne nach der folgenden Zeichnung auf unliniertes Papier eine Figur mit Rechenkästchenmuster. Die Figur soll 9 cm lang und 4,5 cm breit werden. Wie lang und wie breit wird jedes Rechenkästchen?

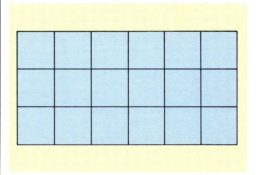

16. Zeichne vier Geraden a, b, c und d mit folgenden Eigenschaften:
a) a und b sind parallele Geraden, c und d sind ebenfalls parallel, b ist senkrecht zu d.
b) a ist senkrecht zu b, b ist senkrecht zu c und c ist senkrecht zu d. Welche Figuren erhältst du?

17. a) Übertrage das Dreieck in dein Heft. Zeichne von jedem Eckpunkt aus die Senkrechte auf die gegenüberliegende Seite. Schneiden sich die drei Senkrechten in einem Punkt?

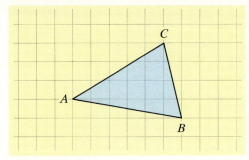

b) Überprüfe dein Ergebnis an zwei weiteren Dreiecken.

18. Übertrage das Fünfeck in dein Heft und zeichne von jedem Eckpunkt aus die Senkrechte auf die gegenüberliegende Seite. Schneiden sich die fünf Senkrechten in einem Punkt?

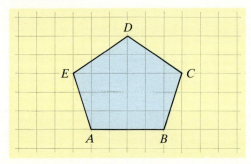

19. Zeichne einen solchen Steinestapel durch parallele und senkrechte Linien. Jeder Stein soll 1,8 cm lang und 0,4 cm hoch sein.

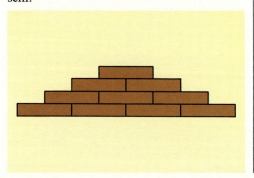

20. Zeichne das Streifenornament mit dem Geodreieck in dein Heft. Male das Ornament bunt aus.

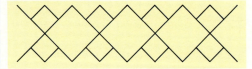

21. Entwirf eigene Streifenornamente mit zueinander senkrechten und parallelen Strecken.

22. Zum Maurerhandwerk gehören **Lot** und **Wasserwaage**. Mit dem Lot prüft der Maurer, ob ein Gegenstand **lotrecht** ist. Mit der Wasserwaage stellt er fest, ob ein Gegenstand **waagerecht** ist.

a) Nenne Gegenstände aus deiner Umgebung, die wahrscheinlich waagerecht sind.
b) Wo sind in deiner Umgebung lotrechte Linien?
c) Stehen **lotrechte** und **waagerechte** Linien immer senkrecht aufeinander?

23. a) Sind die Linien lotrecht, waagerecht, senkrecht?
b) Kannst du das Heft so drehen, daß die Linien lotrecht und waagerecht verlaufen? Sind die Linien dann auch senkrecht?

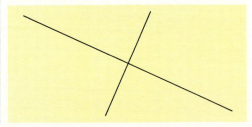

Geometrische Grunderfahrungen 47

Wir untersuchen Rechtecke und Quadrate

Ein Blatt Papier wird wie in der Bilderfolge gefaltet.

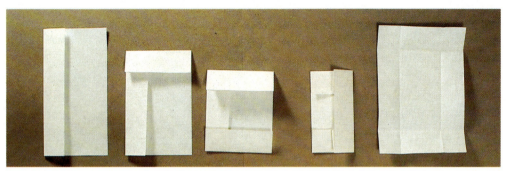

Die vier Faltlinien stehen senkrecht aufeinander. Je zwei Faltlinien sind zueinander parallel. Die vier Faltlinien bilden ein **Rechteck**. In jeder Ecke stehen die Seiten senkrecht aufeinander.

Ein besonderes Rechteck ist das **Quadrat**: Es hat vier gleich lange Seiten.

Beispiel

Wir zeichnen ein Quadrat mit dem Geodreieck. Jede Seite soll 5 cm lang sein.

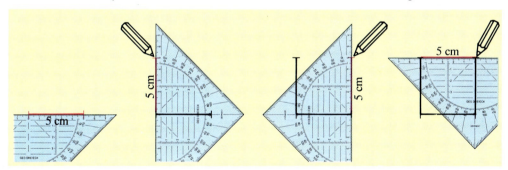

Übungen

1. Falte aus Papier verschiedene Rechtecke. Zeige mit dem Geodreieck, welche Faltlinien senkrecht aufeinanderstehen und welche Faltlinien zueinander parallel sind.

2. Versuche, aus einem Blatt Papier ein Quadrat zu falten. Jede Seite soll 4 cm lang sein. Prüfe mit dem Geodreieck.

3. Falte ein Rechteck und schneide es aus. Falte wie in der Zeichnung aus dem Rechteck ein Quadrat.

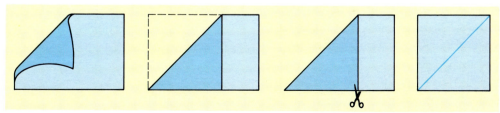

4. a) Lege Streifen aus Transparentpapier so übereinander, daß sie sich senkrecht schneiden. Entsteht immer ein Rechteck?
b) Kannst du auch ein Quadrat erhalten?
c) Welche besonderen Eigenschaften haben gegenüberliegende Seiten im Rechteck?

5. Welche der dargestellten Gegenstände sind rechteckig? Welche sind quadratisch?

6. Zeichne quadratische Verkehrsschilder, die du kennst. Gib ihre Bedeutung an.

7. Im Rechenheft findest du auf jeder Seite ein quadratisches Gitternetz. Zeichne auf unliniertes Papier mit dem Geodreieck ein Quadratgitternetz, bei dem der Abstand benachbarter paralleler Geraden 1 cm beträgt. Beschreibe, wie du vorgehst.

8. Zeichne in dein Heft Quadrate mit:
a) 5 cm Seitenlänge
b) 7 cm Seitenlänge.

9. Zeichne wie im folgenden Bild eine Kette aus Quadraten. Male sie farbig aus.

10. Zeichne drei Quadrate mit den Seitenlängen 2 cm, 3 cm und 4 cm so ineinander, daß das kleinere Quadrat immer ganz im größeren liegt.

11. Zeichne ein Quadrat mit 6 cm Seitenlänge. Halbiere die Quadratseiten und verbinde ihre Mittelpunkte zu einem Quadrat. Wie lang sind die Seiten des neuen Quadrates?

12. Zeichne ein Quadrat mit der Seitenlänge 8 cm. Dann halbiere die Seiten und verbinde die Punkte auf den Seitenmitten zu einem neuen Quadrat. Versuche so, möglichst viele Quadrate ineinander zu zeichnen. Wie viele schaffst du, die du noch gut erkennen kannst?

13. Zeichne nach der Bilderfolge ein Rechteck mit der Länge 3 cm und der Breite 2 cm.

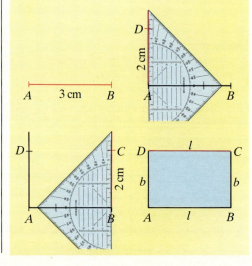

Wir untersuchen Parallelogramme

Elke legt zwei Streifen Transparentpapier übereinander; einer ist rot, der andere ist blau. Da, wo sich die beiden Streifen überkreuzen, entsteht ein violettes Viereck.

Dieses Viereck ist ein *besonderes* Viereck, nämlich ein **Parallelogramm**.

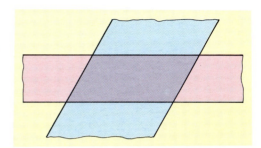

Wenn du die Längen der Seiten eines Parallelogrammes mißt, so wirst du feststellen, daß die Seiten a und c gleich lang sind und daß die Seiten b und d gleich lang sind.

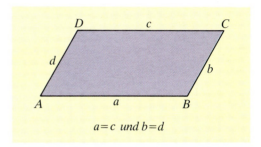

$a = c$ und $b = d$

Ein Viereck, bei dem die gegenüberliegenden Seiten zueinander parallel sind, heißt **Parallelogramm**.
Beim Parallelogramm sind gegenüberliegende Seiten gleich lang.

Beispiele

Wir zeichnen Parallelogramme mit $a = 6$ cm und $b = 3,9$ cm.

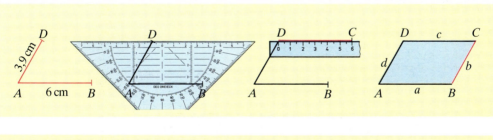

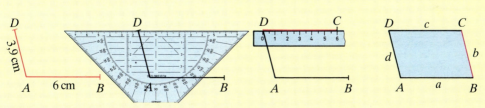

Übungen

1. Der Vater fotografiert seine beiden Kinder dreimal beim Schaukeln. Prüfe, ob das rote Gestänge der Schaukel in allen drei Fällen ein Parallelogramm ist.

2. Zeichne ein Parallelogramm nach folgender Beschreibung:
Zeichne zunächst die Seite $a = 6$ cm. Dann zeichne vom Punkt B aus die Seite $b = 3$ cm. Nun zeichne die Parallele zur Seite a durch den Punkt C und die Parallele zur Seite b durch den Punkt A.
Man erhält nicht immer gleiche Parallelogramme. Versuche eine Begründung.

3. Zeichne ein Parallelogramm, bei dem die Seite a länger als die Seite b ist.

4. Zeichne ein Parallelogramm, bei dem die Seite b länger als die Seite a ist.

5. Klaus hat aus einem Zollstock Vierecke gebildet. Welche Vierecke sind Parallelogramme? Welche können als besondere Parallelogramme bezeichnet werden?

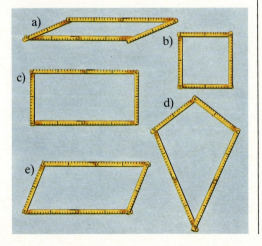

6. Zeichne Parallelogramme mit folgenden Seitenlängen.
a) $a = 5$ cm, $b = 4$ cm
b) $a = 7$ cm, $b = 3,5$ cm
c) $a = 4$ cm, $b = 2,5$ cm

7. Zeichne 4 verschiedene Parallelogramme mit den Seitenlängen 7 cm und 4 cm.

8. Melanie behauptet: „Jedes Rechteck ist auch ein Parallelogramm."
a) Hat Melanie recht? Begründe deine Antwort.
b) Stimmt die Aussage: „Jedes Parallelogramm ist ein Rechteck"? Begründe deine Antwort.

9. Miß nach und gib an, welche der folgenden Vierecke Parallelogramme sind. Findest du auch Quadrate darunter?

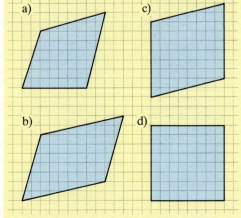

5. Symmetrie und Bewegung

Viele Figuren und Gegenstände sind *spiegelgleich*.

Spiegelgleiche Figuren können wir auf verschiedene Weise herstellen, zum Beispiel:

als Klecksbild   durch Falten und Ausschneiden

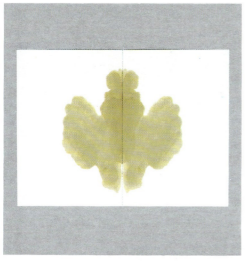 

Farbe auf ein Papier klecksen, das Papier zusammen- und wieder auseinanderfalten

Ein Papier falten, eine Figur ausschneiden und das Papier wieder auseinanderfalten

als Spiegelbild

Sehen, wie sich eine Landschaft im See spiegelt.

Sich so vor eine Schaufensterscheibe stellen, daß ein Teil des Körpers gespiegelt wird.

Spiegelgleiche Figuren nennen wir **symmetrisch.** Das Wort *Symmetrie* stammt aus dem Griechischen und bedeutet soviel wie *Ebenmaß*.

Wir falten und spiegeln

Kleckse Farbe auf ein Blatt Papier. Falte das Blatt zusammen und drücke beide Teile fest aufeinander.

Wenn du das Blatt auseinanderfaltest, ist eine Klecksfigur entstanden.

Mit einem kleinen rechteckigen Taschenspiegel, den wir senkrecht auf die Faltlinie stellen, können wir sehen, daß die Klecksfigur symmetrisch zur Faltlinie ist.

Das Falten ist eine **Bewegung**, die symmetrische Teile aufeinander legt.

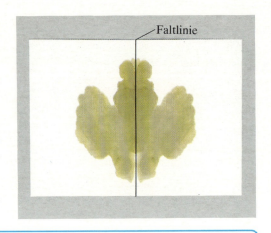

Eine ebene Figur, die man so falten kann, daß die eine Hälfte der Figur genau auf die andere paßt, heißt **achsensymmetrisch**. Die Faltlinie heißt **Symmetrieachse** oder auch **Spiegelachse**.

Beispiele Achsensymmetrische Figuren.

In einem Gitternetz zeichnen wir symmetrische Figuren, indem wir Rechenkästchen abzählen.

Beispiel

Ausgangsfigur

Durch Abzählen übertragen wir die Eckpunkte.

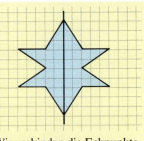
Wir verbinden die Eckpunkte zur vollständigen Figur.

Symmetrie und Bewegung

Übungen

1. Stelle mit Wasserfarben bunte Klecksfiguren her.

2. Stelle mit Wasserfarbe eine Klecksfigur her und schneide sie sorgfältig aus. Dann überprüfe durch Falten, ob die Klecksfigur symmetrisch ist.

3. a) Falte ein Blatt Papier und schneide die Form einer Vase (oder Sonnenblume) aus.

b) Schneide symmetrische Blumen, Blätter, Bäume aus.

4. Schneide drei beliebige achsensymmetrische Figuren aus. Dann stelle einen Taschenspiegel senkrecht entlang der Faltlinie auf. Was fällt dir auf? Überprüfe auch bei einer Klecksfigur die Achsensymmetrie mit einem Spiegel.

5. a) Falte ein Blatt Papier zweimal und versuche, das untenstehende Muster auszuschneiden.
b) Schneide auf die gleiche Weise drei weitere Muster aus.

6. Lege Kohlepapier mit der Farbseite nach oben auf einen Tisch. Darauf lege ein gefaltetes Blatt Papier. Zeichne auf das Blatt so die Hälfte eines Schmetterlings, daß beim Auseinanderfalten der ganze Schmetterling zu sehen ist. Male den Schmetterling bunt aus.

7. Zeichne wie in Aufgabe 6 mit Hilfe von Kohlepapier das Bild einer Landschaft am See. Der Wasserspiegel des Sees ist die Faltlinie.

8. Falte ein Blatt Papier. Stich mit einer Nadel zwei Punkte mit gleichem Abstand von der Faltlinie durch das Blatt. Falte das Blatt wieder auf und verbinde die vier Punkte. Welche Figur ist entstanden?

9. Klaus Heie schreibt seinen Namen auf ein Heft. In einem Spiegel sieht er seinen Vor- und Nachnamen. Er wundert sich, daß er im Spiegel seinen Nachnamen normal lesen kann, seinen Vornamen dagegen nicht. Erkläre.

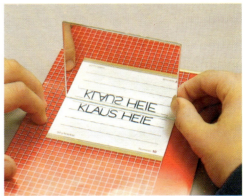

Wir verschieben Figuren

Zum Zeichnen eines gleichmäßigen Musters benutzt der Maler eine Schablone. Dabei verschiebt er die Schablone entlang einer geraden Linie und färbt die von der Schablone freigelassenen Stellen ein. Auch das Verschieben ist eine **Bewegung**.

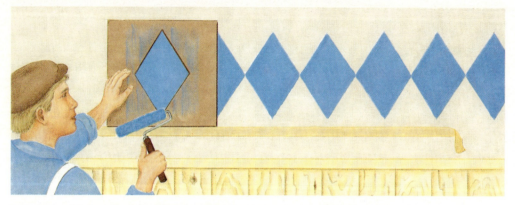

Indem der Maler die Schablone **verschiebt**, entsteht ein **Bandornament**.
Bei der Verschiebung der Schablone wird jeder Punkt der Grundfigur gleich weit verschoben. Die neu ausgemalte Figur hat jedesmal dieselbe Form und dieselbe Größe wie die Grundfigur.

Übungen

1. Die Fotos zeigen Bandornamente. Zeichne Ornamente in dein Heft. Aus welcher Grundform können die Bandornamente durch Verschieben entstanden sein?

2. Viele Dinge sind durch Bandornamente verziert, zum Beispiel Blumenvasen, Teppiche, Gebäude, ... Suche solche Gegenstände und beschreibe, aus welcher Grundform das Ornament entstanden sein kann. Zeichne die Ornamente in dein Heft.

3. Das Bild zeigt ein achsensymmetrisches Bandornament. Übertrage das Ornament in dein Heft und zeichne Symmetrieachsen ein. Färbe das Bandornament.

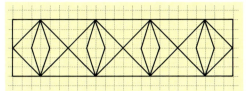

4. Zeichne die folgende achsensymmetrische Figur auf Zeichenkarton und schneide sie als Schablone aus.
Zeichne eine 20 cm lange Strecke in dein Heft. Lege die Schablone an den Anfang der Strecke und verschiebe viermal um 5 cm. Zeichne die Figur jedesmal so, daß das abgebildete Bandornament entsteht.

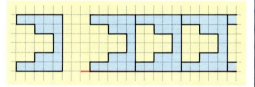

5. Zeichne mit den folgenden achsensymmetrischen Mustern ein Bandornament.

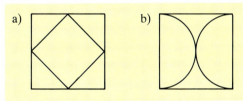

6. Zeichne die folgenden Figuren in dein Heft. Ergänze sie zu achsensymmetrischen Mustern. Die roten Linien sind die Symmetrieachsen.

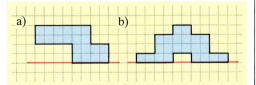

Zeichne durch Verschieben der Muster entlang einer Geraden Bandornamente. Male die Ornamente farbig aus. Sind die Bandornamente achsensymmetrisch?

7. Viele Werbesymbole und Firmenzeichen sind durch Verschieben entstanden.
a) Aus welchen Figuren sind diese Zeichen entstanden?
b) Suche in Zeitungen und Zeitschriften weitere solcher Zeichen und schneide sie aus.

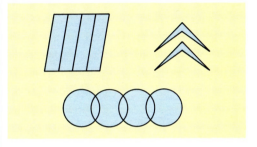

8. Zeichne die Ornamente über die Breite einer Heftseite.

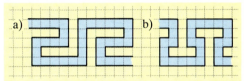

Kann eines der Bandornamente auch aus einer achsensymmetrischen Figur entstanden sein?

9. Übertrage die Bandornamente auf Transparentpapier. Kennzeichne die Grundfiguren farbig.

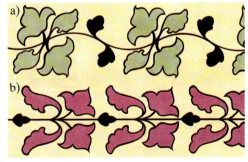

10. Suche an alten Kirchen und Häusern, an Teppichen, Stickereien, Töpferarbeiten Bandornamente. Beschreibe sie und zeichne die Grundfigur, aus der die Ornamente entstanden sind.

Wir wiederholen

1. Welche Eigenschaften haben die Figuren?

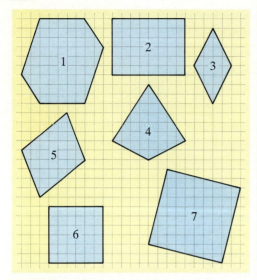

a) Welche Figuren haben parallele Seiten?
b) Welche Figuren sind Parallelogramme?
c) Welche Figur ist ein Rechteck oder ein Quadrat?

2. Zeichne auf Rechenpapier ein Rechteck, verbinde zwei gegenüberliegende Ecken und überprüfe, ob gleiche Hälften entstanden sind?

3. Zeichne ein beliebiges Viereck. Mit dem Geodreieck bestimme die Seitenmitten. Die Mitten zweier Nachbarseiten verbinde miteinander. Wenn du genau gezeichnet hast, ist ein Parallelogramm entstanden. Prüfe mit dem Geodreieck.

4. Zeichne ein Rechteck mit $l = 4$ cm und $b = 3$ cm. Zeichne anschließend in die linke obere Ecke des Rechtecks ein Quadrat mit der Seitenlänge $l = 2$ cm.

5. Zeichne ein Rechteck mit den Seitenlängen 6 cm und 3 cm. Halbiere die Rechteckseiten und verbinde ihre Mittelpunkte. Bestimme die Form und die Seitenlängen der neuen Figur.

7. Zeichne ein Rechteck, das kein Quadrat ist.

8. Zeichne ein Parallelogramm, und verbinde die Nachbarmitten der Seiten. In die neue Figur zeichne wieder das Mittenviereck. Vergleiche die Eigenschaften der drei Vierecke.

9. Zeichne ein Rechteck mit der Länge 4 cm und der Breite 5,8 cm. Zeichne die Diagonalen ein und vergleiche.

10. Zeichne verschiedene Parallelogramme und überprüfe, ob sich die Diagonalen immer gegenseitig halbieren?

11. Zwei gleichbreite Straßen kreuzen sich.

Die sich kreuzenden Straßen haben als gemeinsamen Bereich eine Raute. Würden die Mittellinien durchgezogen, sähe das wie in der Zeichnung aus. Sind diese Mittellinien Symmetrielinien? Wie müßten sich die Straßen schneiden, damit die Mittellinien Symmetrielinien wären?

12. Einige Parallelogramme haben Symmetrielinien. Welche sind das?

13. Zeichne ein Quadrat mit seinen vier Symmetrieachsen.

14. Zeichne zwei Strecken, die sich gegenseitig halbieren. Welche Figur entsteht, wenn die Endpunkte der Strecken rundum verbunden werden. Wähle die Strecken gleich lang (5 cm) oder unterschiedlich lang ($l = 4$ cm, $b = 5,6$ cm).

Rechnen mit Zahlen und Größen

In den Bildern spielen die **Grundrechenarten** eine Rolle. Die Grundrechenarten sind Addition (+), Subtraktion (−), Multiplikation (·) und Division (:).

Wir werden das Rechnen mit diesen vier Grundrechenarten wiederholen und üben.

6. Addition und Subtraktion

Wir addieren

Wir wiederholen, wie wir am Zahlenstrahl **addieren**.

Die Zahl 3 und die Zahl 4 am Zahlenstrahl addieren heißt, von 3 aus 4 Einheiten *nach rechts* zu gehen.

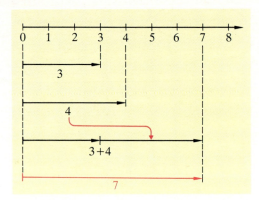

Das können wir auch mit Pfeilen darstellen.

Wir zeichnen zuerst die Pfeile 3 und 4.

Dann setzen wir den Anfang des Pfeils 4 an die Spitze des Pfeils 3 an. Die zusammengelegten Pfeile stellen die **Summe** 3 + 4, also 7 dar. Das ist in der Zeichnung der rote Pfeil.

> **Wir addieren:** 3 + 4 = 7
> **Summe**

Einfache Additionsaufgaben lösen wir im Kopf.

Beispiele

1. 48 + 33 = (48 + 30) + 3 = 78 + 3 = 81
   So rechnen wir im Kopf.

2. 125 + 47 + 81 rechnen wir schrittweise: 125 + 47 = 172 (im Kopf rechnen!)
   172 + 81 = 253 (im Kopf rechnen!)

Wir schreiben: 125 + 47 + 81 = 172 + 81 = 253

Übungen

1. Welche Additionsaufgabe ist hier am Zahlenstrahl dargestellt?

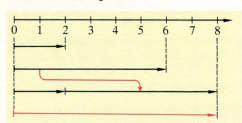

2. Stelle am Zahlenstrahl dar.
a) 6 + 8   b) 12 + 5   c) 20 + 14   d) 7 + 16

3. Rechne im Kopf.
a) 28 + 28   i) 150 + 250
b) 35 + 17   j) 200 + 340
c) 46 + 48   k) 620 + 280
d) 78 + 16   l) 710 + 170
e) 283 + 15   m) 410 + 176
f) 439 + 46   n) 500 + 193
g) 516 + 70   o) 610 + 234
h) 789 + 98   p) 730 + 171

Addition und Subtraktion

4. Addiere.
Beispiel: $243 + 42 + 135 = 285 + 135 = \underline{420}$
a) $225 + 130 + 340$ e) $420 + 134 + 326$
b) $761 + 25 + 13$ f) $128 + 231 + 441$
c) $631 + 143 + 116$ g) $666 + 111 + 222$
d) $431 + 222 + 315$ h) $385 + 213 + 402$
Ergebnisse (ungeordnet): 890, 968, 1000, 880, 799, 800, 999, 695

5. Schreibe die Aufgaben in dein Heft. Rechne aus.
a) $27 \xrightarrow{+16} \square$ d) $96 \xrightarrow{+72} \square$
b) $31 \xrightarrow{+80} \square$ e) $65 \xrightarrow{+15} \square$
c) $38 \xrightarrow{+14} \square$ f) $83 \xrightarrow{+26} \square$

6. Addiere. Lies die Aufgaben und die Ergebnisse vor.
a) $7000 + 12000$ e) $120000 + 80000$
b) $1200 + 4000$ f) $45000 + 145000$
c) $45000 + 23000$ g) $7000000 + 3000000$
d) $100000 + 700000$ h) $8500000 + 1500000$

7. Übertrage die Tabelle in dein Heft und fülle sie aus.

+	121	131	231	235	421	219	783	922
42								
49								
53								
120								
641				876				
117								
830								

8. Hier siehst du einen Rechenbaum, in dem addiert werden soll. Übertrage den Rechenbaum in dein Heft und setze die richtigen Zahlen in die leeren Kästchen ein.

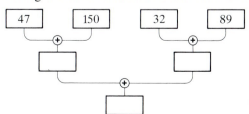

9. Ordne jedem Ergebnis die entsprechende Additionsaufgabe zu.

14 99		67 112		$\underline{42}$ $\underline{270}$
205 57	+	213 28	=	$\underline{211}$ $\underline{272}$

10. Übersetze folgende Textaufgaben in Rechenaufgaben und löse sie.
a) Zähle die Zahlen 39 und 49 zusammen.
b) Berechne die Summe von 18 und 77.
c) Addiere die Zahlen 51 und 169.
d) Berechne die Summe von 32, 81 und 45.
e) Addiere 128, 32 und 62.

11. In einer Klasse sind 15 Mädchen und 16 Jungen. Wie viele Schüler sind insgesamt in der Klasse? Zeichne einen Rechenbaum.

12. Am ersten Tag einer Klassenfahrt mit dem Fahrrad legen die Schüler 45 km zurück, am zweiten Tag 52 km, am dritten und vierten Tag jeweils 48 km. Wie viele Kilometer sind sie in diesen vier Tagen gefahren? Zeichne einen Rechenbaum.

13. Geldbriefträger Fröhlich hat auszuzahlen: 372 DM an Frau Schneider, 128 DM an Herrn Holdinger, 280 DM an Herrn Obermayer, 84 DM an Frau Schrader. Formuliere die Rechenfrage und rechne.

14. Denke dir zu folgenden Aufgaben Rechengeschichten aus.
a) $120 + 30$ c) $211 + 335$
b) $57 + 85$ d) $572 + 428$

Wir subtrahieren

Wir wiederholen, wie wir am Zahlenstrahl **subtrahieren**.

Die Zahl 4 von der Zahl 7 am Zahlenstrahl subtrahieren heißt, von 7 aus 4 Einheiten *nach links* zu rücken.

Auch die Subtraktion können wir mit Pfeilen darstellen.

Wir zeichnen zuerst den Pfeil 7. An die Spitze dieses Pfeiles setzen wir den Pfeil 4 in umgekehrter Richtung an. Als Ergebnis erhalten wir die **Differenz** 7 − 4, also 3. Das ist in der Zeichnung der rote Pfeil.

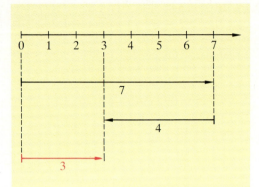

Wir subtrahieren: $\underbrace{7 - 4}_{\textbf{Differenz}} = 3$

Bei einer Differenz können wir durch eine **Probe** nachprüfen, ob wir richtig gerechnet haben. Wir müssen dann die dazugehörige Summe bilden.

7 − 4 = 3 ist deshalb richtig subtrahiert, weil 3 + 4 = 7 ist.

Wir sagen dann: Die Probe stimmt. Die Additionsaufgabe 3 + 4 = 7 ist die Probe dafür, daß 7 − 4 = 3 richtig gerechnet wurde.

Die Additionsaufgabe 3 + 4 = 7 ist die **Umkehraufgabe** zu 7 − 4 = 3.

Man sagt auch, das Subtrahieren ist die Umkehrung des Addierens. Wenn wir zur Zahl 3 die Zahl 4 addieren und dann vom Ergebnis wieder 4 subtrahieren, ergibt sich wieder 3.

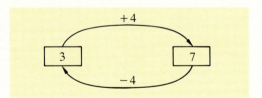

Beispiele

1. $137 - 43 = \underbrace{(137 - 40)}_{\text{Das rechnen wir im Kopf.}} - 3 = 97 - 3 = \underline{\underline{94}}$ Probe: 94 + 43 = 137

2. $657 - 469 = (657 - 400) - 69 = 257 - 69$
   $= (257 - 60) - 9 = 197 - 9 = \underline{\underline{188}}$ Probe: 188 + 469 = 657

Addition und Subtraktion

Übungen

1. Welche Subtraktionsaufgabe ist hier am Zahlenstrahl dargestellt?

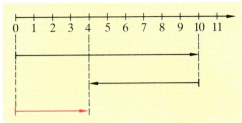

2. Stelle am Zahlenstrahl dar und löse.
a) 11 – 3   c) 17 – 8   e) 13 – 9
b) 11 – 9   d) 14 – 6   f) 15 – 11
Wie lauten die zugehörigen Additionsaufgaben?

3. Rechne im Kopf.
a) 27 – 11   e) 42 – 38
b) 65 – 26   f) 63 – 49
c) 23 – 17   g) 68 – 27
d) 40 – 32   h) 75 – 36

4. Subtrahiere. Mache die Probe durch Addieren.
a) 130 – 38   j) 778 – 318
b) 250 – 68   k) 413 – 305
c) 320 – 74   l) 512 – 309
d) 580 – 91   m) 638 – 229
e) 750 – 76   n) 872 – 634
f) 380 – 140   o) 956 – 748
g) 275 – 162   p) 451 – 371
h) 489 – 460   q) 629 – 342
i) 625 – 215   r) 731 – 456
Ergebnisse: 208, 238, 410, 460, 489, 674, 275, 29, 182, 203, 108, 240, 409, 246, 113, 92, 80, 287

5. Berechne.
Beispiel: 145 – 19 – 37 = 126 – 37 = <u>89</u>
a) 127 – 14 – 12   e) 315 – 16 – 29
b) 241 – 21 – 18   f) 684 – 12 – 32
c) 548 – 34 – 13   g) 600 – 120 – 100
d) 820 – 12 – 76   h) 1000 – 400 – 260
Ergebnisse: 202, 340, 380, 640, 101, 732, 270, 501

6. Schreibe die Subtraktionsaufgaben in dein Heft. Rechne aus.
a) 348 $\xrightarrow{-24}$ □   d) 312 $\xrightarrow{-53}$ □
b) 638 $\xrightarrow{-17}$ □   e) 734 $\xrightarrow{-75}$ □
c) 971 $\xrightarrow{-82}$ □   f) 655 $\xrightarrow{-66}$ □

7. Stelle zu den Subtraktionsaufgaben von Aufgabe 6 die zugehörigen Additionsaufgaben (Umkehraufgaben) auf.
Beispiel: 324 $\xrightarrow{+24}$ 348

8. Subtrahiere. Lies die Aufgaben und die Ergebnisse vor.
a) 13 000 – 6 000   e) 130 000 – 90 000
b) 6 000 – 2 500   f) 725 000 – 25 000
c) 47 000 – 15 000   g) 9 000 000 – 7 000 000
d) 600 000 – 200 000 h) 7 200 000 – 3 200 000

9. Übertrage die Tabelle in dein Heft und fülle sie aus.

–	64	87	93	109	120	125	104	122
125								
157								
263								
497						388		
400								
574								
712								

10. Ordne jedem Ergebnis die richtige Subtraktionsaufgabe zu.

723		95		496
460	–	16	=	730
1000		270		553
512		170		365

11. Peter hat 48 DM gespart. 29 DM gibt er für einen Fußball aus.

12. a) Judith hat 236 DM auf ihrem Sparkonto. Sie hebt 67 DM ab.
b) Uli hatte 317 DM auf seinem Konto. Nachdem er Geld abgehoben hat, sind es noch 278 DM.

13. Ein Taxi hat morgens einen Kilometerstand von 64780 und abends einen Kilometerstand von 65330. Wieviel Kilometer wurden zurückgelegt? Übertrage den Rechenbaum in dein Heft und berechne das Ergebnis.

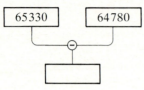

14. Zeichne Rechenbäume für folgende Aufgaben und berechne das Ergebnis.
a) Ziehe von der Zahl 84 die Zahl 48 ab.
b) Berechne die Differenz von 78 und 52.
c) Subtrahiere von 91 die Zahl 69.

15. Mark hat zu Beginn der Ferien den Stand des Kilometerzählers an seinem Fahrrad aufgeschrieben: 876 km. Am Ende der Ferien zeigt der Kilometerzähler 1279 km an. Zeichne einen Rechenbaum und berechne.

16. Berechne. Kontrolliere deine Ergebnisse.
a) 427 + 57 − 305   f) 202 − 179 + 96
b) 149 + 32 − 119   g) 160 − 72 + 280
c) 663 − 69 + 229   h) 385 − 96 + 66
d) 214 − 55 + 179   i) 976 + 27 − 730
e) 27 + 128 − 69   j) 417 + 73 − 225
Ergebnisse: 338, 119, 86, 823, 179, 265, 273, 62, 355, 368

17. Übertrage die Rechenbäume in dein Heft und vervollständige sie. Schreibe auch die zugehörigen Aufgaben darunter.

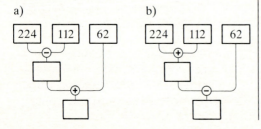

18. Bei den Bundesjugendspielen benötigt Gabi 1050 Punkte für eine Siegerurkunde und 1450 Punkte für eine Ehrenurkunde.
a) Gabi bekommt im Dreikampf für den Lauf 449 Punkte, für den Weitsprung 375 Punkte und für den Weitwurf 470 Punkte. Wie viele Punkte erreicht Gabi? Erhält sie eine Urkunde?
b) Wie viele Punkte fehlen ihr für eine Ehrenurkunde?

19. Erfinde Rechengeschichten zu den Rechenbäumen.

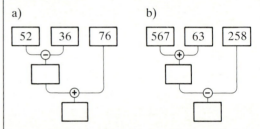

20. Setze „<" oder „>" richtig ein.
a) 740 − 630 ☐ 801 − 690
b) 215 + 114 ☐ 583 − 125
c) 67 + 31 − 52 ☐ 80 + 120 − 195

21. Betrachte das Bild. Erkläre, welche Bedeutung die leere Stelle hat.

22. Hier sind weitere Aufgaben, bei denen eine Zahl nicht zu lesen war. Für die nicht lesbare Zahl wurde ein Kästchen gezeichnet.
a) 20 + ☐ = 45   c) ☐ + 17 = 130
b) 138 − ☐ = 118   d) 738 − ☐ = 630

Addition und Subtraktion

Wir überschlagen Rechnungen

Ulrike meint, daß sie eine Siegerurkunde erhalten könnte. Wie hat sie gerechnet?
Sie rechnet mit gerundeten Zahlen

$407 \approx 400$ $\qquad$ $309 \approx 300$ $\qquad$ $398 \approx 400$ $\qquad$ $400 + 300 + 400 = 1100$.

Ulrike hat eine **Überschlagsrechnung** gemacht. Genau hat Ulrike 1114 Punkte. Oft genügt es, nur überschlägig zu rechnen.

Beispiel

$422 + 684 + 501 \approx 400 + 700 + 500$
$\qquad\qquad\qquad 400 + 700 + 500 = 1600$, also: $422 + 684 + 501 \approx \underline{\underline{1600}}$

Das genaue Ergebnis ist 1607.

Übungen

1. Überschlage.
a) $739 + 242$ $\qquad$ d) $1534 + 279$
b) $645 + 893$ $\qquad$ e) $1199 + 418$
c) $377 + 839$ $\qquad$ f) $723 + 723$
Genaue Ergebnisse (ungeordnet): 1617, 981, 1446, 1216, 1813, 1538

2. Überschlage.
a) $2379 - 1432$ $\qquad$ d) $1922 - 730$
b) $1569 - 867$ $\qquad$ e) $1961 - 1172$
c) $1792 - 507$ $\qquad$ f) $1612 - 955$
Genaue Ergebnisse (ungeordnet): 1285, 702, 1192, 789, 657, 947

3. a) Inge und Michael haben die Aufgabe $758 + 462$ überschlagen.
Inge rechnet: $\qquad 800 + 500 = 1300$
Michael rechnet: $700 + 500 = 1200$
Das genaue Ergebnis ist 1220.
Erkläre an diesem Beispiel, warum es günstiger ist, bei Additionen „gegensinnig" abzuschätzen. „Gegensinnig" heißt, die eine Zahl wird vergrößert und die andere Zahl wird verkleinert.
b) Suche weitere Rechenbeispiele.
c) Warum ist es beim Subtrahieren günstiger, „gleichsinnig" abzuschätzen, also beide Zahlen entweder zu vergrößern oder zu verkleinern? Nenne Beispiele.

Wir addieren schriftlich

Herr und Frau Schröder wollen eine neue Wohnzimmereinrichtung kaufen. In einem Möbelgeschäft sehen sie eine Sitzgruppe für 1332 DM mit einem dazu passenden Tisch für 543 DM.

Um den Gesamtpreis für die Sitzgruppe und den Tisch zu berechnen, **addiert** Herr Schröder 1332 und 543 schriftlich.

Wir wissen bereits:

> Beim **schriftlichen Addieren** werden Einer unter Einer, Zehner unter Zehner, Hunderter unter Hunderter, ... geschrieben.

Beispiel

Wir addieren 1332 und 543.

T	H	Z	E
1	3	3	2
+	5	4	3
1	8	7	5

Diese Aufgabe schreiben wir in der Kurzform so:

```
  1332
+  543
  1875
```

Für die Sitzgruppe und den Tisch muß Familie Schröder 1875 DM zahlen.

Zu der Sitzgruppe und dem Tisch soll noch ein Wohnzimmerschrank für 1284 DM gekauft werden. Herr Schröder hat 1875 und 1284 zu addieren. Diese Addition ist schwieriger, weil hierbei **Zehnerüberschreitungen** vorkommen.

Beispiel

Wir addieren 1875 und 1284.

Einer addieren

T	H	Z	E
1	8	7	5
+1	2	8	4
			9

Zehner addieren

T	H	Z	E
1	8	7	5
+1	2	8	4
		1	
		5	9

↑ 10 Zehner ergeben 1 Hunderter

Hunderter addieren

T	H	Z	E
1	8	7	5
+1	2	8	4
	1		
	1	5	9

↑ 10 Hunderter ergeben 1 Tausender

Tausender addieren

T	H	Z	E
1	8	7	5
+1	2	8	4
	1	1	
3	1	5	9

Kurzform:
```
  1875
+ 1284
    11
  3159
```

Für die Sitzgruppe, den Tisch und den Wohnzimmerschrank sind 3159 DM zu zahlen.

Addition und Subtraktion

Übungen

1. Addiere (ohne Zehnerüberschreitung).
a) 309 + 6610
b) 5421 + 1357
c) 3426 + 3423
d) 72563 + 14106
e) 63815 + 10024
f) 84263 + 15716

2. Addiere zeilenweise.
Beispiel: 1637 + 2351 = 3988

a) 742 + 151
b) 3421 + 4312
c) 61245 + 31413
d) 80721 + 6160
e) 123456 + 462512
f) 768478 + 220411
g) 241161 + 736212
h) 132761 + 367238

3. Ein Heißluftballon schwebt in 312 m Höhe über dem Meeresspiegel. Um die Schwäbische Alb zu überqueren, steigt er um 681 m. In welcher Höhe über dem Meeresspiegel schwebt der Ballon dann?

4. Während des Winters messen die Wetterstationen in den Alpen täglich die Schneehöhen. Wie hoch lag der Schnee, wenn zu 40 cm Schnee an drei aufeinanderfolgenden Tagen 12 cm, 22 cm und 24 cm Neuschnee hinzukamen?

5. Berechne (mit Zehnerüberschreitung).
a) 736 + 8561
b) 2469 + 3517
c) 9462 + 4773
d) 5693 + 6478
e) 44897 + 61915
f) 48967 + 37925

6. Addiere zeilenweise.
Beispiel: 1763 + 2192 = 3955

a) 523 + 796
b) 3648 + 2423
c) 5412 + 6143
d) 2320 + 8845
e) 147286 + 432151
f) 482610 + 762429
g) 642001 + 584679
h) 921576 + 4866935

7. Wir addieren große Zahlen.
a) 8427638539 + 7142869255
b) 2763420802 + 1184829670
c) 6693248778259 + 9286344082342
d) 9280978203563 + 8256774865242

8. Addiere die Zahlen wie im Beispiel. Rechne zweimal: Einmal von unten nach oben und auch von oben nach unten. Überschlage vorher deine Rechnung.

Beispiel:
31679
+   261
+ 6024
   11
37964

a) 71342 + 12564 + 3053
b) 12458 + 25134 + 41197
c) 34521 + 22218 + 21132 + 10814 + 10223
d) 67285 + 19407 + 13210
e) 34145 + 91212 + 11322
f) 48240 + 10311 + 1184 + 10056 + 20149
g) 32616 + 25849 + 40322
h) 8239 + 12111 + 15070
i) 54220 + 11229 + 2312 + 21835 + 10203

Ergebnisse: 35420, 99902, 86959, 89940, 98787, 136679, 98908, 99799, 78789

9. Löse folgende Aufgaben schriftlich. Überschlage das Ergebnis vorher.
a) 1921 + 1340 + 6920
b) 7205 + 1134 + 356
c) 1263 + 4582 + 2034
d) 9114 + 3512 + 5241
e) 4248 + 1310 + 8101 + 5010 + 4120
f) 4632 + 1291 + 2311 + 1112 + 1242

10. Familie Becker erhält 3428 Liter Heizöl, Familie Braun 4869 Liter. Wieviel Liter Heizöl wurden insgesamt geliefert?

11. Herr Karsten möchte ein Auto kaufen. Er selbst hat 11418 DM gespart. Sein Bruder leiht ihm 3250 DM, der Arbeitgeber stellt 2700 DM zur Verfügung. Von seiner Bank leiht sich Herr Karsten den Rest von 2522 DM. Wie teuer ist das Auto?

12. Addiere die ersten fünf vierstelligen Zahlen.

13. Welche Summe ist größer: die Summe der ersten achtzehn dreistelligen Zahlen oder die Summe der letzten beiden dreistelligen Zahlen?

Wir subtrahieren schriftlich

Hans hat zu Beginn eines Jahres den Kilometerstand vom Wagen seines Vaters aufgeschrieben. Am Ende desselben Jahres sieht er wieder nach dem Kilometerstand. Wieviel Kilometer hat das Auto zurückgelegt?

Wir lösen diese Aufgabe, indem wir schriftlich **subtrahieren**.

Beim **schriftlichen Subtrahieren** schreiben wir die Zahlen stellenrichtig untereinander und ergänzen in jeder Spalte von der unteren zur oberen Ziffer.

Beispiel

Wir subtrahieren 12 130 von 28 684.

ZT	T	H	Z	E
	2	8	6	8	4
−	1	2	1	3	0
	1	6	5	5	4

Diese Aufgabe schreiben wir in der Kurzform so:

```
  28684
− 12130
  16554
```

Das Auto hat in dem Jahr 16 554 km zurückgelegt.

Ein Jahr danach liest Hans wieder den Kilometerstand des Autos ab. Jetzt zeigt der Kilometerzähler 38 957 km an. Hans berechnet durch schriftliche Subtraktion, wieviel Kilometer das Auto in diesem Jahr zurückgelegt hat. Bei dieser Subtraktion kommen **Zehnerüberschreitungen** vor.

Beispiel

Wir subtrahieren 28 684 von 38 957.

	ZT	T	H	Z	E
		3	8	9	5	7
	−	2	8	6	8	4
						3

↑ $4 + 3 = 7$

	ZT	T	H	Z	E
					10	
		3	8	9	5	7
	−	2	8	6	8	4
					1	
					7	3

↑ $8 + 7 = 15$

	ZT	T	H	Z	E
					10	
		3	8	9	5	7
	−	2	8	6	8	4
					1	
				2	7	3

↑ $7 + 2 = 9$

	ZT	T	H	Z	E
					10	
		3	8	9	5	7
	−	2	8	6	8	4
					1	
			0	2	7	3

↑ $8 + 0 = 8$

	ZT	T	H	Z	E
					10	
		3	8	9	5	7
	−	2	8	6	8	4
					1	
		1	0	2	7	3

↑ $2 + 1 = 3$

Bei den Zehnern ist in dieser Aufgabe die obere Ziffer kleiner als die untere. Um ergänzen zu können, haben wir oben 10 Zehner und unten 1 Hunderter addiert.

Das Auto hat in dem zweiten Jahr 10 273 km zurückgelegt.

Addition und Subtraktion

In der Kurzform behalten wir im Kopf, daß oben 10 Zehner addiert wurden. Daß unten 1 Hunderter addiert wurde, deuten wir durch eine kleine 1 an.

Kurzform:
```
   38957
 − 28684
       1
   10273
```

Übungen

1. Berechne und führe die Probe durch.

Beispiel:
```
   5879          Probe:   4155
 − 1724                 + 1724
   4155                   5879
```

a) 6454 − 1333
c) 67863 − 21741
e) 86351 − 24340
b) 35421 − 24311
d) 75469 − 53456
f) 616234 − 205231

2. Subtrahiere zeilenweise.
Beispiel: 2649 − 517 = 2132

a) 1348 − 215
b) 3842 − 121
c) 6513 − 2102
d) 6898 − 5347
e) 515786 − 213241
f) 326381 − 313250
g) 454863 − 121552
h) 594723 − 383610

3. Um wieviel DM ist das Fernsehgerät im Preis herabgesetzt worden?

4. Subtrahiere (mit Zehnerüberschreitung).
a) 5628 − 3419
b) 7628 − 2443
c) 34126 − 21714
d) 38460 − 19230
e) 314592 − 103701
f) 634725 − 52113
g) 162945 − 35871
h) 334577 − 28184
i) 342958 − 139394
j) 834126 − 815042
k) 2989343 − 690232
l) 6427231 − 3521120

5. Berechne zeilenweise. Führe eine Probe durch.

Beispiel: 2479 − 382 = 2097

Probe: 2097 + 382 = 2479

a) 6385 − 1294
b) 6395 − 4504
c) 7368 − 6456
d) 38452 − 29141
e) 75941 − 46460
f) 84125 − 63812
g) 93421 − 22710
h) 308429 − 142284

6. Subtrahiere. Für jedes Ergebnis ist die Quersumme (Summe der Ziffern) angegeben.

a) 256314794 − 173469003   (44)
b) 153675609 − 130324052   (31)
c) 56439268412 − 38592876320   (51)
d) 127417423653 − 92004873599   (34)

7. Ersetze die Sternchen durch die richtigen Ziffern.

a)
```
   4316
 − ****
   1258
```
b)
```
   71*2
 −  34*
   **64
```
c)
```
   73914
 − 13*1
   ***6*
```

8. Subtrahiere von 76384:
a) 6295
b) 18192
c) 18287
d) 31273
e) 68421
f) 70091

9. Familie Christiansen aus Hamburg hat für den Urlaub ein Ferienhaus am Bodensee gemietet. Die Fahrstrecke beträgt 890 km. Die Familie fährt von Hamburg über Hannover (149 km) und Kassel (167 km) bis nach Würzburg (212 km). Wieviel Kilometer sind noch zu fahren?

10. Entlang des Rheins werden die Flußkilometerzahlen als Entfernungen bis zur Rheinmündung angegeben.
Konstanz: 1013 km   Bonn: 360 km
Karlsruhe: 653 km   Köln: 325 km
Mainz: 513 km   Duisburg: 234 km
Wie weit ist es mit dem Schiff von Konstanz − Karlsruhe; Karlsruhe − Mainz; Mainz − Bonn; Bonn − Köln; Köln − Duisburg?

Wir subtrahieren mehrere Zahlen

Auf einer Wiese spielen 16 Kinder Fußball. Nach einiger Zeit müssen fünf Kinder nach Hause. Anschließend gehen wieder zwei Kinder und etwas später nochmals vier Kinder heim.

Die Aufgabe 16 − 5 − 2 − 4 lösen Peter und Inge auf verschiedenen Wegen.

Peter rechnet so:

$$16 - 5 - 2 - 4$$
$$= 11 \quad - 2 - 4$$
$$= \quad\quad 9 \quad - 4$$
$$= \quad\quad\quad\quad \underline{\underline{5}}$$

Peter hat die Zahlen einzeln nacheinander subtrahiert.

Inge rechnet so:

$$16 - 5 - 2 - 4$$
$$= 16 \quad\quad - 11$$
$$= \underline{\underline{5}}$$

Inge hat zuerst ausgerechnet, wie viele Kinder insgesamt gegangen sind, und hat dann subtrahiert.

Übungen

1. Ein Fahrstuhl ist mit zwölf Personen besetzt. Im 1. Stock steigen vier Personen aus, im 2. Stock drei, im dritten Stock zwei Personen. Wie viele Personen sind noch im Fahrstuhl? Schreibe als Rechenaufgabe. Löse auf zwei Wegen.

2. Ein Bäcker hat noch 57 Brötchen. Er verkauft nacheinander fünf, sieben, acht, zwei und dann sechs Brötchen. Wie viele Brötchen hat er noch?

3. Subtrahiere auf zwei Wegen.
a) 69 − 17 − 23   d) 192 − 32 − 17
b) 109 − 89 − 11   e) 569 − 24 − 76 − 119
c) 155 − 55 − 39   f) 632 − 232 − 255 − 63

4. a) Subtrahiere von 729 nacheinander: 134, 76, 225 und 64
b) Subtrahiere von 1352 nacheinander: 671, 152, 180 und 326
c) Subtrahiere von 3700 nacheinander: 1212, 719, 764, 574 und 12

5. Berechne folgende Subtraktionsaufgaben. Führe vorher eine Überschlagsrechnung durch.

a) 2421   d) 2895   g) 6723
  − 374   − 243   − 1234
  − 1430   − 1816   − 1338

b) 4520   e) 3421   h) 5429
  − 1384   − 1577   − 824
  − 765   − 568   − 900
  − 211   − 712   − 526

c) 7098   f) 3684   i) 6385
  − 685   − 521   − 1728
  − 704   − 394   − 869
  − 291   − 628   − 555
  − 3684   − 421   − 217

Ergebnisse: 3016, 836, 2160, 617, 564, 1734, 3179, 1720, 4151

6. Herr Becker verdient monatlich 2380 DM. Davon sind 720 DM Miete zu zahlen. 820 DM braucht Familie Becker für den Haushalt, 280 DM für Strom, Heizung und Wasser und außerdem 125 DM für das Auto. Wieviel DM bleiben noch übrig?

Addition und Subtraktion

Wir addieren und subtrahieren Geldbeträge

Udo hat eingekauft: für 18 DM 47 Pf Fleisch, für 45 Pf einen Kopf Salat, für 2,95 DM Obst und für 2,38 DM zwei Pakete Milch (zu je 1,19 DM).

Sieh dir den Kassenzettel an. Wie wurde gerechnet? Udo bezahlt mit einem 50-DM-Schein. Wieviel DM erhält er zurück?

An diesem Beispiel sehen wir, worauf es ankommt. Alle Beträge werden mit derselben Maßeinheit, hier in DM, angegeben. Die Beträge werden so untereinandergeschrieben, daß Komma unter Komma steht. Nun können wir in der gewohnten Weise rechnen.

Wir schreiben das so:

Addition
```
  18,47 DM
+  0,45 DM
+  2,95 DM
+  2,38 DM
  ─────────
  24,25 DM   ← Das ist zu zahlen.
```

Subtraktion
```
  50,00 DM
− 24,25 DM
  ─────────
  25,75 DM   ← Das ist übrig.
```

Übungen

1. Gib alle Beträge in derselben Maßeinheit an, schreibe sie untereinander und addiere.
a) 18,06 DM + 3 DM + 6 Pf + 85 Pf
b) 35 DM 70 Pf + 26,80 DM + 3 DM 31 Pf
c) 2382 Pf + 34,55 DM + 50 923 Pf
d) 9,42 DM + 16 DM 42 Pf + 9 Pf
e) 73 Pf + 9 DM 5 Pf + 2,81 DM
f) 2 DM 76 Pf + 26,12 DM + 95 Pf

2. Rechne in dieselbe Maßeinheit um und subtrahiere.
a) 68,72 DM − 158 Pf
b) 205 DM − 18 DM 16 Pf − 795 Pf
c) 72 904 Pf − 16,91 DM
d) 143 DM 18 Pf − 3997 Pf − 43,18 DM
e) 455,84 DM − 2926 Pf

3. Berechne, nachdem du vorher umgewandelt und geordnet hast.
a) 128,17 DM + 14 DM 28 Pf − 46,75 DM
b) 6736 Pf − 28,12 DM + 17 DM 36 Pf
c) 295 DM − 78,25 DM − 6395 Pf + 36,07 DM
d) 500 DM − 13,39 DM − 845 Pf + 16,45 DM

4. Übertrage die Tabellen in dein Heft und setze die fehlenden Beträge ein.

a)

+	7,23 DM	8,41 DM	9,87 DM
2,39 DM	9,62 DM		
2,78 DM			

b)

−	23,92 DM	13,− DM	18,45 DM
71,02 DM			
48,50 DM			

Wir addieren und subtrahieren Längen

In Brigittes Zimmer soll ein Fernsehgerät angeschlossen werden. Dazu muß ein Antennenkabel vom Wohnzimmer ins Kinderzimmer verlegt werden. Auf einer Rolle sind 20 m Kabel. Reicht das?

Um diese Aufgabe zu lösen, müssen wir Längen in verschiedener Schreibweise addieren und subtrahieren.

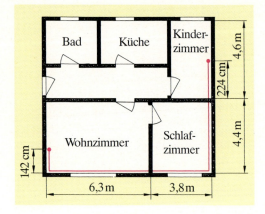

> Beim Rechnen mit Längen wandeln wir zuerst alle Längenangaben in dieselbe Maßeinheit um. Beim schriftlichen **Addieren** und **Subtrahieren** schreiben wir die Längenangaben so untereinander, daß Komma unter Komma steht.

Beispiele

1. Wir addieren 142 cm; 6,3 m; 3,8 m; 4,40 m; 224 cm:

```
    1,42 m
 +  6,30 m
 +  3,80 m
 +  4,40 m
 +  2,24 m
   18,16 m
```

Es werden 18,16 m Kabel benötigt.

2. Wir subtrahieren 18,16 m von 20 m.

```
   20,00 m
 − 18,16 m
    1,84 m
```

Es bleiben 1,84 m Kabel übrig.

Übungen

1. Wandle in dieselbe Maßeinheit um und berechne.
Beispiel: 2,30 m + 320 cm
 = 230 cm + 320 cm = 550 cm = 5,50 m
oder 2,30 m + 320 cm
 = 2,30 m + 3,20 m = 5,50 m = 550 cm

a) 2,82 m + 3,50 m
b) 748 cm − 6,39 m
c) 4250 cm + 50 m
d) 160 cm − 8,5 dm
e) 2,400 km − 400 cm
f) 550 mm + 63 cm
g) 13,5 cm + 73 mm
h) 1,700 km + 2800 m

2. Wandle in dieselbe Maßeinheit um, schreibe untereinander und addiere:
a) 19,03 m + 45 cm + 342 cm + 580 mm
b) 34 m 70 cm + 26,80 m + 635 cm + 18 dm
c) 87,36 m + 4 m 42 cm + 301 dm + 900 mm
d) 5,632 km + 36 m + 2 km 7 m + 18 395 m

3. Subtrahiere.
a) 72,84 m − 6 m 8 cm
b) 41,02 m − 198 cm
c) 93,15 m − 26 dm 7 cm
d) 24,150 km − 1009 m

Addition und Subtraktion

4. Berechne.
a) 100 m − 36,5 m − 298 cm
b) 40 915 cm − 2,43 m − 18,24 m
c) 28 670 m − 3,05 km − 6 km 178 m
d) 500 km − 225,117 km − 14 304 m

5. Übertrage die Tabelle in dein Heft und fülle die leeren Stellen aus.

+	18,03 m	19 m 8 cm	572 cm
36 m 15 cm		55,23 m	
128,7 m			
95,68 m			

6. Übertrage in dein Heft und berechne.

−	116,38 m	85 m 80 cm	56,09 m
205,70 m			
500 m		414,20 m	
460 m 35 mm			

7. Familie Burger macht in den Ferien eine Radtour um den Bodensee.
Wieviel Kilometer legten sie dabei insgesamt zurück?

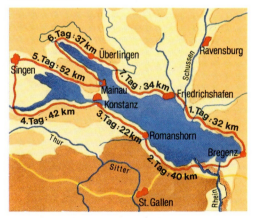

8. Ein Vertreter schreibt täglich die gefahrenen Kilometer auf: Montag 182 km, Dienstag 217 km, Mittwoch 96 km, Donnerstag 289 km, Freitag 154 km. Zu Wochenbeginn war der Kilometerstand 63 717 km. Wie lautet der Kilometerstand am Freitagabend?

9. Von einer Rolle Teppichboden wurden folgende Stücke verkauft:
3,20 m; 90 cm; 12 dm; 12,30 m und 6,70 m
a) Wieviel Meter Teppichboden wurden verkauft?
b) Die Teppichrolle ist 40 m lang. Wieviel Meter Teppichboden sind noch auf der Rolle?

10. a) Aylas Zimmer erhält neue Fußbodenleisten, die rundherum angebracht werden. Für die Fensternische sind 30 cm hinzuzurechnen, für die Türöffnung 0,8 m abzuziehen. Wieviel Meter Fußbodenleisten werden insgesamt benötigt?

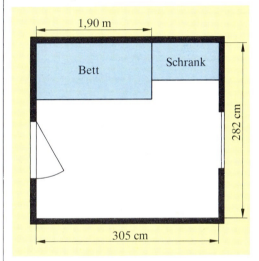

b) An einer Längswand des Zimmers wird ein 1,90 m langes Bett aufgestellt. Wie lang darf ein danebenzustellender Schrank höchstens sein?

11. In den Ferien macht Michael mit seinem Freund Andreas eine Radtour. Bei Fahrtbeginn steht auf seinem Kilometerzähler: 3132,4 km. Michael notiert an den einzelnen Tagen die Kilometerstände:
1. Tag: 3161,1 km;   5. Tag: 3272,1 km;
2. Tag: 3185,6 km;   6. Tag: 3298,4 km;
3. Tag: 3218,4 km;   7. Tag: 3333,7 km.
4. Tag: 3233,6 km;

a) Wieviel Kilometer legten die beiden Freunde täglich mit dem Fahrrad zurück?
b) Wieviel Kilometer fuhren sie insgesamt?

Wir addieren und subtrahieren Gewichte

Auf dem Wochenmarkt bietet Frau Zeller an ihrem Obst- und Gemüsestand 30 Kilogramm Möhren zum Verkauf an. Im Laufe des Vormittags verkauft sie nacheinander an verschiedene Kunden: 4 kg; 1770 g; 3 kg 250 g.

Wieviel Kilogramm Möhren hat sie morgens verkauft und wieviel Kilogramm kann sie nachmittags noch verkaufen?

Wir rechnen:

Addition
```
   4,000 kg
+  1,770 kg
+  3,250 kg
   9,020 kg   ← So viel hat sie verkauft!
```

Subtraktion
```
  30,000 kg
−  9,020 kg
  20,980 kg   ← So viel bleibt übrig!
```

Beim Ausrechnen müssen wir darauf achten, daß **Komma unter Komma** steht.

Übungen

1. Schreibe untereinander und addiere.
a) 18,050 kg + 14 kg 248 g + 905 g + 1040 g
b) 24 kg 18 g + 47,042 kg + 19,5 kg + 5009 g
c) 47,135 t + 28 t 94 kg + 262 kg + 4713 kg
d) 21,748 kg + 4 kg 126 g + 146 kg + 7064 g

2. Gib zuerst in derselben Maßeinheit an, schreibe dann untereinander und subtrahiere.
a) 620,852 kg − 35 kg 75 g
b) 518 kg 62 g − 48,625 kg
c) 380,250 t − 76 t 482 kg
d) 1042,456 kg − 95 kg 76 g − 871,2 kg
e) 2036 t 70 kg − 116,078 t − 546 kg

3. Berechne:
a) 12 kg 2 g + 7034 g − 10 kg 620 g
b) 484 kg 536 g + 95,010 kg − 26 kg 915 g
c) 16,360 t − 3 t 76 kg − 2834 kg
d) 616 kg 24 g − 18,6 kg + 47,256 kg

4. In ein Päckchen werden gepackt: zwei Tafeln Schokolade zu je 100 g, drei Schokoladenriegel zu je 75 g, eine Rolle Keks zu 375 g, zwei Tüten Bonbons zu je 125 g, eine Packung Pralinen zu 450 g, eine Tüte Fruchtgummi zu 80 g, fünf Dauerlutscher zu je 15 g. Die Verpackung wiegt 282 g. Ein Päckchen darf nicht mehr als zwei Kilogramm wiegen.

5. Übertrage die folgende Tabelle in dein Heft und berechne die fehlenden Gewichtsangaben für einen Lkw.

Leergewicht	Gesamtgewicht	Gewicht der Ladung
3300 kg	7234 kg	
3415 kg		2194 kg
	8346 kg	5123 kg
3718 kg		6094 kg

7. Multiplikation und Division

Wir multiplizieren

Otto möchte seinen Geburtstag mit einigen Mitschülern feiern. Er kauft drei Dosen Gebäck. Jede Dose kostet 4 DM.

Erkläre den Kassenzettel. Otto hat den Betrag längst ausgerechnet, aber nicht so wie auf dem Kassenzettel.

Das Malnehmen oder **Multiplizieren** können wir so erklären:

Die *Summe* $4 + 4 + 4$ schreiben wir kürzer als **Produkt** $3 \cdot 4$.

> **Das Multiplizieren ist ein wiederholtes Addieren derselben Zahl.**
>
> $$4 + 4 + 4 \;=\; \underbrace{3 \cdot 4} \;=\; 12$$
> $$\text{Produkt}$$

Die einfachsten Multiplikationsaufgaben, das kleine Einmaleins, kennen wir auswendig.

Beispiele

1. $3 \cdot 5 = 5 + 5 + 5 = \underline{\underline{15}}$
2. $5 \cdot 3 = 3 + 3 + 3 + 3 + 3 = \underline{\underline{15}}$
3. $4 \cdot 1 = 1 + 1 + 1 + 1 = \underline{\underline{4}}$
4. $3 \cdot 0 = 0 + 0 + 0 = \underline{\underline{0}}$

Einfache Multiplikationsaufgaben rechnen wir im Kopf.

Beispiele

1. $23 \cdot 4 = \boxed{20 \cdot 4} + \boxed{3 \cdot 4} = 80 + 12 = \underline{\underline{92}}$

   Das rechnen wir im Kopf.

2. Vorteilhaft rechnen wir so:

   $29 \cdot 4 = \boxed{30 \cdot 4} - \boxed{1 \cdot 4} = 120 - 4 = \underline{\underline{116}}$

Übungen

1. Wiederhole das kleine Einmaleins. Lerne die Einmaleins-Reihen auswendig.
Beispiel: $1 \cdot 3 = 3, 2 \cdot 3 = 6, \ldots$

2. Multipliziere. Wie lautet die dazugehörige Additionsaufgabe?
a) $4 \cdot 2$ c) $10 \cdot 7$ e) $9 \cdot 9$
     $4 \cdot 8$ $4 \cdot 5$ $4 \cdot 4$
     $7 \cdot 9$ $6 \cdot 7$ $5 \cdot 0$
     $6 \cdot 7$ $8 \cdot 1$ $8 \cdot 7$
b) $2 \cdot 6$ d) $3 \cdot 9$ f) $5 \cdot 5$
     $5 \cdot 9$ $7 \cdot 8$ $7 \cdot 7$
     $3 \cdot 4$ $7 \cdot 5$ $6 \cdot 6$
     $7 \cdot 4$ $6 \cdot 8$ $7 \cdot 0$

3. Schreibe die Einmaleins-Reihen für die Zahlen 11, 12, 15, 20, 25 auf und lerne sie auswendig.

4. Multipliziere. Schreibe auch die zugehörige Additionsaufgabe auf.
a) $7 \cdot 11$ c) $5 \cdot 15$ e) $6 \cdot 12$
     $8 \cdot 11$ $3 \cdot 15$ $4 \cdot 25$
     $6 \cdot 11$ $7 \cdot 15$ $9 \cdot 11$
b) $2 \cdot 12$ d) $3 \cdot 25$ f) $9 \cdot 12$
     $4 \cdot 12$ $6 \cdot 25$ $8 \cdot 15$
     $7 \cdot 12$ $9 \cdot 25$ $7 \cdot 25$

5. Setze anstelle von □ das Zeichen „<", „>" oder „=" ein.
a) $6 \cdot 7 \square 4 \cdot 12$ d) $3 \cdot 4 \square 6 \cdot 2$
b) $4 \cdot 8 \square 5 \cdot 6$ e) $12 \cdot 8 \square 4 \cdot 25$
c) $4 \cdot 9 \square 6 \cdot 6$ f) $6 \cdot 15 \square 8 \cdot 11$

6. Multipliziere.
a) $3 \cdot 3$ c) $5 \cdot 7$ e) $7 \cdot 4$
     $3 \cdot 13$ $5 \cdot 17$ $7 \cdot 14$
     $3 \cdot 23$ $5 \cdot 57$ $7 \cdot 24$
     $3 \cdot 43$ $5 \cdot 67$ $7 \cdot 74$
b) $4 \cdot 3$ d) $6 \cdot 8$ f) $8 \cdot 2$
     $4 \cdot 13$ $6 \cdot 28$ $8 \cdot 12$
     $4 \cdot 23$ $6 \cdot 48$ $8 \cdot 32$
     $4 \cdot 43$ $6 \cdot 88$ $8 \cdot 62$
     $4 \cdot 83$ $6 \cdot 98$ $8 \cdot 82$

7. Berechne im Kopf.
a) $4 \cdot 30$ b) $40 \cdot 30$ c) $9 \cdot 700$
     $7 \cdot 70$ $60 \cdot 30$ $7 \cdot 900$
     $6 \cdot 40$ $70 \cdot 60$ $9 \cdot 600$
     $3 \cdot 80$ $20 \cdot 80$ $6 \cdot 900$

8. Übertrage in dein Heft und fülle die leeren Stellen richtig aus:
a) $13 \xrightarrow{\cdot 6} \square$ g) $14 \xrightarrow{\cdot 8} \square$
b) $61 \xrightarrow{\cdot 3} \square$ h) $230 \xrightarrow{\cdot 6} \square$
c) $71 \xrightarrow{\cdot 7} \square$ i) $41 \xrightarrow{\cdot 4} \square$
d) $120 \xrightarrow{\cdot 5} \square$ j) $52 \xrightarrow{\cdot 5} \square$
e) $26 \xrightarrow{\cdot 5} \square$ k) $38 \xrightarrow{\cdot 9} \square$
f) $34 \xrightarrow{\cdot 4} \square$ l) $341 \xrightarrow{\cdot 2} \square$

9. Rechne vorteilhaft.
Beispiel:
$29 \cdot 7 = 30 \cdot 7 - 1 \cdot 7 = 210 - 7 = \underline{203}$
a) $39 \cdot 4$ c) $99 \cdot 7$ e) $70 \cdot 98$
     $48 \cdot 9$ $199 \cdot 8$ $60 \cdot 198$
     $19 \cdot 7$ $299 \cdot 9$ $50 \cdot 298$
b) $190 \cdot 8$ d) $69 \cdot 40$ f) $999 \cdot 5$
     $280 \cdot 7$ $79 \cdot 90$ $990 \cdot 50$
     $690 \cdot 4$ $78 \cdot 70$ $900 \cdot 55$

10. Wenn man eine Zahl mit sich selbst multipliziert, entsteht eine **Quadratzahl**.
Beispiel: Die Quadratzahl von 8 ist 64, denn $8 \cdot 8 = 64$.
Berechne die Quadratzahl von:
a) 9   g) 2   m) 13
b) 4   h) 7   n) 18
c) 5   i) 3   o) 12
d) 6   j) 10   p) 14
e) 1   k) 11   q) 16
f) 8   l) 17   r) 19

11. Beim Sportunterricht einer fünften Klasse spielen die Schüler in vier Gruppen zu je sechs Schülern Volleyball. Wie viele Schüler hat die Klasse?

12. Jens hat die Treppenstufen in einem Hochhaus gezählt. In jeder Etage sind es 15 Stufen. Das Hochhaus hat 13 Etagen. Zeichne einen Rechenbaum und gib an, wie viele Stufen das Hochhaus hat.

Multiplikation und Division

13. Barbara legt jede Woche 4 DM in ihre Spardose. Nachdem sie 12 Wochen lang gespart hat, nimmt sie für einen Klassenausflug 25 DM aus der Spardose. Zeichne einen Rechenbaum und berechne, wieviel Geld noch in der Spardose ist.

14. Herr Lenz wohnt 13 km von seiner Arbeitsstelle entfernt. Wie viele Kilometer fährt Herr Lenz bei fünf Arbeitstagen in der Woche? Löse mit einem Rechenbaum.

15. Übertrage die Rechenbäume in dein Heft und fülle sie aus. Erzähle dazu Rechengeschichten.

a) b)

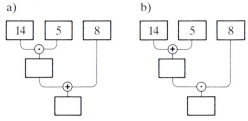

16. Klaus kauft 8 Brötchen zu je 28 Pf und eine Tragetasche zu 10 Pf. Zeichne einen Rechenbaum und berechne, wieviel er zahlen muß.

17. Eine Flasche Mineralwasser kostet 45 Pf, eine Flasche Zitronenlimo 70 Pf, eine Flasche Cola 85 Pf. Andreas kauft sechs Flaschen Zitronenlimo, acht Flaschen Mineralwasser, sieben Flaschen Cola.
Schreibe eine Rechnung.

18. Eine Theaterkarte kostet im Parkett 25 DM, im 1. Rang 15 DM, im 2. Rang 12 DM. Es werden bestellt:
a) 5 Parkettplätze
b) 20 Plätze im 1. Rang
c) 8 Plätze im 2. Rang
d) 14 Parkettplätze, 11 Plätze im 2. Rang
e) 30 Parkettplätze, 12 Plätze im 1. Rang

19. Bettina hat einen Wellensittich, dem sie täglich 15 g Vogelfutter gibt. Wieviel Gramm Futter hat der Wellensittich in 16 Tagen bekommen? Wieviel Gramm in 30 Tagen (in 170 Tagen, in 365 Tagen)?

20. Übertrage in dein Heft und fülle aus. Erzähle dazu Rechengeschichten.

a) $5 \xrightarrow{\cdot 7} \square \xrightarrow{\cdot 3} \square$ c) $2 \xrightarrow{\cdot 8} \square \xrightarrow{\cdot 7} \square$

b) $6 \xrightarrow{\cdot 3} \square \xrightarrow{\cdot 9} \square$ d) $15 \xrightarrow{\cdot 3} \square \xrightarrow{\cdot 20} \square$

21. a) Bei einem Autorennen werden 24 Runden gefahren. Eine Runde ist 10 500 m lang. Gib die Länge der Fahrstrecke in Kilometer an (1 km ist gleich 1000 m).

b) Ein Fahrer muß nach 16 Runden wegen Motorschadens ausscheiden. Wieviel Kilometer ist er bis dahin gefahren?

22. a) Berechne das Produkt von 8 und 13.
b) Multipliziere 12 und 9.

23. a) Berechne die Summe, die Differenz und das Produkt von 25 und 12.
b) Multipliziere die Differenz von 104 und 94 mit der Summe von 104 und 96. Zeichne einen Rechenbaum.
c) Addiere zum Produkt von 7 und 35 das Produkt von 6 und 34. Zeichne einen Rechenbaum.

24. Familie Oberstein zahlt im Monat 720 DM Miete und 90 DM Heizungskosten. Wieviel DM zahlt die Familie in einem Jahr für Wohnung und Heizung?

25. Ein Fußballverein hat 892 Mitglieder, davon sind 212 Jugendliche. Der Jahresbeitrag beträgt 156 DM für Erwachsene, für Jugendliche 36 DM. Wie hoch ist die Jahreseinnahme des Fußballvereins aus Mitgliedsbeiträgen?

Wir dividieren

Für ein Murmelspiel werden 24 Murmeln gleichmäßig auf drei Kinder verteilt.

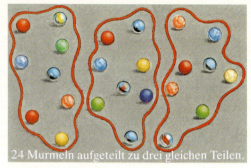

24 Murmeln aufgeteilt zu drei gleichen Teilen.

Das Teilen oder **Dividieren** können wir als Aufteilen erklären: 24 Murmeln werden zu drei gleichen Teilen aufgeteilt. Jeder Teil enthält dann acht Murmeln.

Dafür schreiben wir den **Quotienten** 24 : 3. Als Ergebnis erhalten wir 8.

$$\text{Wir dividieren:} \quad \underbrace{24 : 3}_{\textbf{Quotient}} = 8$$

Bei der Division können wir durch eine **Probe** nachprüfen, ob wir richtig gerechnet haben.

24 : 3 = 8 ist deshalb richtig dividiert, weil 3 · 8 = 24 ist.

Die Multiplikationsaufgabe 3 · 8 = 24 ist die **Umkehraufgabe** zu 24 : 3 = 8.

Man sagt auch, das Dividieren ist die Umkehrung des Multiplizierens. Wenn wir 8 mit 3 multiplizieren und dann das Ergebnis durch 3 dividieren, ergibt sich wieder 8.

Beispiele

1. 96 : 12 = $\underline{\underline{8}}$ Probe: 8 · 12 = 96

2. 54 : 3 = (30 : 3) + (24 : 3)
         = 10   +   8   = $\underline{\underline{18}}$ Probe: 18 · 3 = 54

Durch 0 dürfen wir niemals dividieren! Beispielsweise kann 7 : 0 kein Ergebnis haben, denn sonst müßte bei der Probe dieses Ergebnis mit 0 multipliziert 7 ergeben. Die Multiplikation einer beliebigen Zahl mit 0 ergibt aber nie 7, sondern immer 0.

Geht nicht! Kein Ergebnis!

Dagegen können wir 0 durch jede andere Zahl dividieren.

Beispiele

1. 0 : 7 = $\underline{\underline{0}}$ Probe: 0 · 7 = 0   2. 0 : 12 = $\underline{\underline{0}}$ Probe: 0 · 12 = 0

Multiplikation und Division

Übungen

1. Dividiere im Kopf.
a) 27 : 9
b) 49 : 7
c) 80 : 10
d) 64 : 8
e) 30 : 5
f) 24 : 4
g) 48 : 6
h) 56 : 7
i) 72 : 8
j) 36 : 6
k) 36 : 9
l) 18 : 3
m) 45 : 5
n) 81 : 9
o) 54 : 9
p) 45 : 9
q) 25 : 5
r) 27 : 3
s) 77 : 11
t) 99 : 11
u) 84 : 12
v) 39 : 13
w) 60 : 10
x) 45 : 5

2. Rechne im Kopf. Mache die Probe durch Multiplizieren.
a) 63 : 7
   63 : 9
b) 40 : 8
   40 : 5
c) 72 : 8
   72 : 9
d) 39 : 3
   39 : 13
e) 99 : 11
   121 : 11
f) 14 : 7
   35 : 7
g) 36 : 6
   49 : 7
h) 144 : 12
   240 : 20
i) 30 : 10
   300 : 100

3. Berechne und mache die Probe.
a) 72 : 6
b) 84 : 7
c) 85 : 5
d) 84 : 4
e) 120 : 8
f) 175 : 7
g) 225 : 15
h) 90 : 6
i) 100 : 25
j) 135 : 15
k) 84 : 21
l) 132 : 11
m) 102 : 6
n) 133 : 7
o) 105 : 5
p) 208 : 2
q) 169 : 13
r) 129 : 3

4. Dividiere durch mehrfaches Subtrahieren.
Beispiel: 48 − 12 − 12 − 12 − 12 = 0
          4mal subtrahiert
          Also: 48 : 12 = 4
a) 85 : 17
b) 78 : 13
c) 72 : 12
d) 84 : 14
e) 48 : 16
f) 105 : 15
g) 72 : 18
h) 57 : 19
i) 165 : 11

5. Dividiere.
a) 60 : 10
b) 80 : 20
c) 90 : 30
d) 100 : 50
e) 250 : 5
f) 480 : 12
g) 770 : 11
h) 350 : 7
i) 640 : 80
j) 720 : 90
k) 540 : 60
l) 480 : 30
m) 160 : 40
n) 760 : 40
o) 1250 : 250
p) 1050 : 150
q) 12000 : 4
r) 28000 : 7
Ergebnisse: 40, 7, 4, 2, 16, 6, 4, 50, 19, 8, 3000, 50, 70, 4000, 3, 5, 8, 9

6. Für acht Schüler wurden 56 Hefte gekauft. Formuliere dazu eine Frage, stelle eine Rechenaufgabe auf und gib die Lösung an.

7. Bei einer Sportveranstaltung mußte jeder Besucher 4 DM als Eintritt zahlen. Insgesamt wurden 6400 DM eingenommen.

8. Tischtennisbälle werden in Packungen zu je drei Stück verkauft. 360 Tischtennisbälle werden verpackt.

9. Herr Strebsam hatte in einem Jahr ein Einkommen von 36000 DM.
a) Wieviel DM verdiente er in einem Monat?
b) Wieviel DM verdiente er täglich, wenn er im Monat 20 Tage gearbeitet hat?

10. In einer Schokoladenfabrik werden täglich 12000 Tafeln Schokolade hergestellt. Je 15 Tafeln werden in einen Karton verpackt. Je 25 Kartons werden zum Versand zusammen verpackt. Wie viele versandfertige Pakete ergeben sich? Zeichne einen Rechenbaum.

11. Übertrage die Rechenbäume in dein Heft und ergänze sie. Erzähle dazu Rechengeschichten.

a)   b)

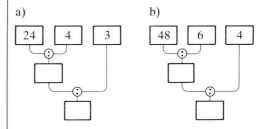

12. a) Berechne den Quotienten aus 99 und 9.
b) Dividiere 28 durch 4.
c) Berechne die Summe, die Differenz, das Produkt und den Quotienten von 32 und 8.
d) Berechne den Quotienten aus der Summe von 57 und 43 und der Differenz von 63 und 43.

Wir überschlagen Rechnungen

Für eine Klassenfahrt werden 1100 DM benötigt. Reicht es, wenn jeder der 28 Schüler 43 DM einzahlt?
Ute ruft: „Ja, das reicht ungefähr, denn 28 · 43 ist *ungefähr* 1200."
Wie hat Ute das so schnell herausbekommen?
Ute hat die Zahlen 28 und 43 *gerundet*.

$$28 \approx 30 \qquad 43 \approx 40$$

Dann hat sie multipliziert:

$$30 \cdot 40 = \underline{1200}$$

Der Lehrer sagt: „Es kommt genau 1204 heraus. Das stimmt mit Utes **Überschlagsrechnung** ungefähr überein."
Wenn wir eine Überschlagsrechnung durchgeführt haben, können wir das Ergebnis mit einer Rechnung überprüfen. Oft genügt aber eine Überschlagsrechnung.

Beispiele

1. $46 \cdot 224 \approx 50 \cdot 200$
   $50 \cdot 200 = 10000$, also: $46 \cdot 224 \approx \underline{10000}$
Das genaue Ergebnis ist 10304.

2. $528 : 33 \approx 510 : 30$
   $510 : 30 = 17$, also: $528 : 33 \approx \underline{17}$
Wir haben 528 durch 510 angenähert, weil wir dann teilen können.
Das genaue Ergebnis ist 16.

Übungen

1. Überschlage. Vergleiche mit den genauen Ergebnissen.
a) 79 · 50
b) 38 · 40
c) 98 · 51
d) 19 · 121
e) 132 · 27
f) 298 · 57
g) 143 · 96
h) 437 · 49
Genaue Ergebnisse: 3950, 4998, 16986, 13728, 21413, 3564, 1520, 2299

2. Überschlage. Vergleiche mit den genauen Ergebnissen.
a) 372 : 62
b) 2773 : 59
c) 1008 : 48
d) 1344 : 32
e) 1638 : 21
f) 5766 : 93
Genaue Ergebnisse: 6, 62, 78, 42, 47, 21

3. Eine Gruppe mit acht Mitspielern hat im Lotto 15782 DM gewonnen. Erhält jeder Mitspieler mehr als 2000 DM?

4. Beantworte mit Beispielen:
a) Was ist beim Multiplizieren günstiger, gleichsinniges oder gegensinniges Überschlagen?
b) Soll man beim Dividieren besser gleichsinnig oder besser gegensinnig überschlagen?

5. In einem Sägewerk werden Löhne gezahlt: 1534 DM, 1827 DM, 1982 DM, 1360 DM, 1632 DM. Überschlage, ob mehr als 8000 DM gezahlt werden müssen.

Multiplikation und Division

Wir multiplizieren schriftlich mit einstelligen Zahlen

Sonderangebot! Im Sporthaus Mant werden komplette Ski-Ausrüstungen für 312 DM angeboten.

Katrin, Peter und Michael sollen neue Ski-Ausrüstungen bekommen. Wieviel DM sind für die drei Ski-Ausrüstungen bei diesem Angebot insgesamt zu zahlen?

Um den Gesamtpreis zu berechnen, multiplizieren wir 312 mit 3. Wir rechnen schriftlich.

Bei der **schriftlichen Multiplikation** mit einer einstelligen Zahl werden die Einer, Zehner, Hunderter, ... nacheinander multipliziert.

Beispiel Wir multiplizieren die Zahlen 312 und 3.

Einer multiplizieren

H	Z	E	
3	1	2	· 3
		6	

Zehner multiplizieren

H	Z	E	
3	1	2	· 3
	3	6	

Hunderter multiplizieren

H	Z	E	
3	1	2	· 3
9	3	6	

In Kurzform:

312 · 3
_____
936

Die drei Ski-Ausrüstungen kosten insgesamt 936 DM.

Eine andere Ski-Ausrüstung wird für 429 DM angeboten. Wir berechnen den Preis für drei dieser Ski-Ausrüstungen. Dabei kommen **Zehnerüberschreitungen** vor.

Beispiel Wir multiplizieren die Zahlen 429 und 3.

T	H	Z	E	
	4	2	9	· 3
	12	6	27	

→

T	H	Z	E	
	4	2	9	· 3
1	2	8	7	

In Kurzform:

429 · 3
_____
1287

Ebenso rechnen wir Multiplikationen mit mehrfachen Zehnerüberschreitungen.

Beispiel Wir multiplizieren die Zahlen 1457 und 6.

T	H	Z	E	
1	4	5	7	· 6
6	24	30	42	

→

T	H	Z	E	
1	4	5	7	· 6
8	7	4	2	

In Kurzform:

1457 · 6
_____
8742

Übungen

1. Multipliziere schriftlich.
a) 243 · 2   g) 493 · 3   m) 642 · 7
b) 332 · 2   h) 253 · 2   n) 183 · 8
c) 132 · 3   i) 345 · 4   o) 345 · 6
d) 223 · 3   j) 533 · 3   p) 215 · 8
e) 243 · 3   k) 624 · 5   q) 942 · 6
f) 413 · 2   l) 417 · 6   r) 385 · 7

2. Multipliziere mit Zehner- und Hunderterzahlen.
a) 1357 · 60   e) 3195 · 600   i) 6593 · 90
b) 1993 · 80   f) 3486 · 600   j) 7346 · 500
c) 2348 · 30   g) 4271 · 40   k) 8624 · 700
d) 2661 · 700   h) 5526 · 80   l) 9114 · 800

3. Berechne.
a) 24738 · 5   d) 74245 · 3   g) 1634431 · 9
b) 39941 · 9   e) 76217 · 8   h) 3938075 · 4
c) 42531 · 4   f) 711281 · 4   i) 2231007 · 8
Ergebnisse: 359469, 222735, 2845124, 17848056, 609736, 170124, 123690, 14709879, 15752300

4. Multipliziere die Zahlen 617; 2453; 8542 nacheinander mit 2, dann mit 3, dann mit 4 und dann mit 6.

5. Mache zunächst eine Überschlagsrechnung. Rechne danach genau.
a) 197 · 7   d) 782 · 5   g) 6421 · 5
b) 248 · 4   e) 942 · 3   h) 7931 · 9
c) 661 · 8   f) 2146 · 4   i) 8073 · 9

6. Welche Ergebnisse liegen *über* 40000, welche *darunter*? Verwende „<" und „>"
a) 2789 · 2   d) 5864 · 7   g) 9432 · 4
b) 3649 · 9   e) 8844 · 3   h) 9736 · 8
c) 5405 · 6   f) 8484 · 4   i) 10971 · 3

7. Herr Müller verdient 639 DM pro Woche. Wieviel DM verdient er in vier Wochen?

8. In einer Kantine werden täglich 867 Mahlzeiten ausgegeben. Wie viele Mahlzeiten sind das in einer Woche mit fünf Arbeitstagen?

9. Ein Schuljahr hat 192 Schultage.
a) Barbaras Schulweg ist bei Hin- und Rückweg 4 km lang. Wieviel Kilometer hat sie in einem Jahr zurückgelegt? Wieviel Kilometer sind das vom 5. bis zum 9. Schuljahr? Schätze vorher das Ergebnis.
b) Wieviel Kilometer beträgt dein Schulweg in einem Schuljahr? Wieviel Kilometer sind das vom 5. bis zum 9. Schuljahr?

10. Ein Fernfahrer hat jede Woche drei Fahrten von Bochum nach Hamburg und zurück. Die einfache Entfernung zwischen den beiden Städten beträgt 364 km. Wieviel Kilometer legt er in einer Woche zurück?

11. a) In einem Postamt wurden innerhalb einer Woche 2487 Briefmarken zu 80 Pf verkauft. Wie hoch war die Einnahme?
b) Wie hoch war die Einnahme aus dem Verkauf von 1278 Postkarten? Erkundige dich nach dem Preis einer Postkarte.

12. Ein Großhändler bestellte bei einer Fahrradfabrik 300 Damenfahrräder zu je 198 DM, 500 Herrenfahrräder zu je 218 DM und 600 Kinderfahrräder zu je 149 DM. Wieviel hatte er insgesamt zu zahlen?

Wir multiplizieren schriftlich mit mehrstelligen Zahlen

Herr Gabler fährt mit dem Auto zu seiner Arbeitsstelle. Hin und zurück legt er täglich 47 Kilometer zurück.

Wieviel Kilometer sind das in einem Jahr bei 236 Arbeitstagen?

Wir berechnen die Gesamtstrecke: 236 · 47.

Hier müssen wir mit einer zweistelligen Zahl multiplizieren.

Bei der Multiplikation mit zwei- oder mehrstelligen Zahlen multiplizieren wir zunächst nacheinander mit den ..., Hundertern, Zehnern, Einern der zweiten Zahl und addieren dann die Zwischenergebnisse.

Beispiel

Wir multiplizieren 236 mit 47.

mit den Zehnern multiplizieren	mit den Einern multiplizieren	addieren	In Kurzform:
236 · 40	236 · 7	9440	236 · 47
9440	1652	+ 1652	944
		11 092	1652
			11 092

Herr Gabler legt bei seinen Fahrten zur Arbeitsstelle jährlich 11 092 km zurück.

Multiplikationen mit drei- oder vierstelligen Zahlen werden ebenso ausgerechnet.

Beispiele

1. 3456 · 172
   3456
   24192
   6912
   12
   594432

2. 5083 · 205
   10166
   0
   25415
   11
   1 042 015

3. 2507 · 4312
   10028
   7521
   2507
   5014
   10 810 184

Übungen

1. Multipliziere schriftlich.

a) 125 · 15   d) 333 · 12   g) 451 · 28
b) 168 · 14   e) 412 · 18   h) 570 · 62
c) 183 · 23   f) 451 · 17   i) 615 · 41

Ergebnisse: 2352, 3996, 7667, 35340, 25215, 12628, 7416, 1875, 4209

2. Multipliziere.

a) 113 · 11   h) 213 · 23   o) 233 · 31
b) 113 · 21   i) 213 · 22   p) 233 · 32
c) 113 · 23   j) 213 · 32   q) 321 · 12
d) 113 · 32   k) 213 · 33   r) 321 · 13
e) 113 · 33   l) 233 · 12   s) 321 · 22
f) 213 · 13   m) 233 · 13   t) 321 · 31
g) 213 · 21   n) 233 · 21   u) 321 · 32

3. Schätze bei folgenden Multiplikationen zuerst mit einer Überschlagsrechnung das Ergebnis. Dann rechne genau.
a) 612 · 53   d) 320 · 412   g) 182 · 206
b) 841 · 28   e) 394 · 289   h) 310 · 56
c) 731 · 112 f) 173 · 170   i) 67 · 709

4. Berechne.
a) 112 · 221   h) 312 · 312   o) 4371 · 52
b) 123 · 231   i) 321 · 213   p) 4417 · 18
c) 211 · 131   j) 671 · 176   q) 6111 · 51
d) 221 · 221   k) 729 · 279   r) 6312 · 41
e) 222 · 333   l) 2432 · 72   s) 9563 · 40
f) 312 · 123   m) 3815 · 62   t) 2381 · 67
g) 313 · 212   n) 4256 · 12   u) 8829 · 91
Ergebnisse: 159 527, 175 104, 51 072, 236 530, 311 661, 79 506, 382 520, 227 292, 258 792, 48 841, 38 376, 97 344, 27 641, 68 373, 118 096, 73 926, 28 413, 24 752, 203 391, 66 356, 803 439

5. Überschlage zunächst die Ergebnisse. Dann rechne genau aus.
a) 1987 · 631   f) 62 340 · 592
b) 4519 · 25   g) 72 142 · 67
c) 5321 · 685   h) 94 512 · 93
d) 6328 · 478   i) 34 712 · 570
e) 38 894 · 221 j) 89 671 · 908

6. Berechne folgende Multiplikationen und ordne die Ergebnisse der Größe nach.
a) 1358 · 472   c) 3421 · 204
b) 5216 · 181   d) 4213 · 187

7. Wir multiplizieren große Zahlen.
a) 2413 · 5210   e) 63 257 · 1239
b) 2343 · 2561   f) 16 400 · 6197
c) 56 241 · 7400 g) 70 230 · 65 670
d) 12 673 · 4009 h) 60 939 · 98 900
Ergebnisse: 6 026 867 100, 12 571 730, 4 612 004 100, 50 806 057, 416 183 400, 6 000 423, 78 375 423, 101 630 800

8. Ein Tag hat 24 Stunden. Eine Stunde hat 3600 Sekunden. Wieviel Sekunden hat ein Tag?

9. Die Tribüne eines Sportstadions hat 28 Reihen mit 232 Sitzplätzen. Wie viele Plätze hat die Tribüne?

10. Das Antriebsrad einer Maschine macht in einer Minute 645 Umdrehungen. Wieviel Umdrehungen macht das Rad dann in fünf Minuten, in 28 Minuten, in 45 Minuten?
Hat das Rad in 15 Minuten mehr als 10 000 Umdrehungen gemacht?

11. In einer Klasse hat jeder Schüler Unterrichtsbücher im Wert von 132 DM. Wie teuer waren die Bücher für 28 Schüler insgesamt?

12. An einem Skilift wurden an einem Wintertag 246 Tageskarten zu je 18 DM verkauft. Berechne die Einnahme.

13. In einem Automobilwerk laufen stündlich 76 Autos vom Montageband. Wie viele Autos sind das in einer 5-Tage-Woche bei drei 8-Stunden-Schichten pro Tag?

14. Herr Manz hat 14 Kästen mit Dias von seinen Urlaubsreisen. In jedem Kasten sind zwei Reihen zu je 36 Dias. Wieviel Dias hat Herr Manz?

15. a) Jens behauptet: „Wenn ich in der Aufgabe 42 · 12 bei beiden Zahlen die Ziffern miteinander vertausche, so erhalte ich jedesmal dasselbe Ergebnis."
Also wäre 42 · 12 = 24 · 21.
b) Jens behauptet, daß auch 62 · 13 = 26 · 31 ist. Prüfe nach, ob das stimmt.
c) Gilt Jens' Behauptung auch für 84 · 12? Ist 84 · 12 = 48 · 21?
d) Jens behauptet, das sei bei allen zweistelligen Zahlen so. Stimmt das?

Das ist so! Und wie ist es mit 12 · 13 = 21 · 31?

Wir dividieren schriftlich durch einstellige Zahlen

Peter und Andreas wollen Segelknoten üben. Dazu zerschneiden sie eine 952 cm lange Leine in sieben gleich lange Stücke. Wie lang wird jedes Stück?

Wir dividieren 952 durch 7. Dazu zerlegen wir 952 so, daß wir jede Zahl der Summe durch 7 dividieren können:

$$952 : 7 = (700 + 210 + 42) : 7$$
$$= 100 + 30 + 6 = \underline{\underline{136}}$$

Jedes Stück der Leine wird 136 cm lang.

> Bei der **schriftlichen Division** muß die zu teilende Zahl in eine geeignete Summe zerlegt werden. Dann kann man in der Summe einzeln dividieren.

Wenn wir die Stellenschreibweise anwenden, kommen wir zur üblichen Form der schriftlichen Division:

Beispiel Wir dividieren 952 durch 7.

Hunderter dividieren
9 : 7 = 1 R2

```
HZE     HZE
9 5 2 : 7 = 1
−7        ·7
 2 5 2
```

Zehner dividieren
25 : 7 = 3 R4

```
HZE     HZE
9 5 2 : 7 = 1 3
−7
 2 5
−2 1       ·7
   4 2
```

Einer dividieren
42 : 7 = 6

```
HZE     HZE
9 5 2 : 7 = 1 3 6
−7 0
  2 5
 −2 1
    4 2
   −4 2      ·7
       0
```

In Kurzform:
```
952 : 7 = 136
7
25
21
42
42
 0
```

Oft gehen Divisionen nicht auf. Es bleibt ein Rest.

Beispiele

1. 6327 : 5 = 1265 R2
```
 5
 13
 10
  32
  30
   27
   25
    2
```

2. 6795 : 8 = 849 R3
```
64
 39
 32
  75
  72
   3
```

Wir konnten 6 nicht durch 8 dividieren. Daher mußten wir mit 67 : 8 beginnen.

Übungen

1. Dividiere. Führe stets eine Probe durch.
a) 265 : 5   d) 732 : 3   g) 928 : 8
b) 466 : 2   e) 864 : 4   h) 966 : 6
c) 693 : 9   f) 861 : 7   i) 1106 : 7

2. Dividiere. Es bleibt ein Rest.
a) 279 : 6   d) 591 : 8   g) 2137 : 6
b) 423 : 7   e) 572 : 9   h) 3409 : 8
c) 545 : 3   f) 653 : 4   i) 7369 : 5
Es treten die Reste 2, 3, 1, 3, 5, 7, 1, 4, 1 auf.

3. Dividiere große Zahlen.
a) 425 000 : 5   e) 1 752 100 : 7
b) 203 000 : 7   f) 3 402 000 : 6
c) 344 000 : 8   g) 70 389 000 : 9
d) 708 000 : 4   h) 12 511 600 : 8

4. Überschlage zuerst, dann rechne schriftlich. Manchmal bleibt ein Rest.
a) 1724 : 2   f) 3189 : 4   k) 6714 : 6
b) 1635 : 5   g) 4138 : 3   l) 6385 : 7
c) 1954 : 7   h) 4621 : 8   m) 7216 : 2
d) 2221 : 5   i) 5218 : 3   n) 8342 : 6
e) 2948 : 8   j) 6234 : 9   o) 9421 : 4

5. Führe zu den Aufgaben aus Übung 4 die Probe durch.
Beispiel:
2731 : 3 = 910 R1
Probe: 910 · 3 + 1 = 2731 (wahr)

6. Dividiere folgende Zahlen durch 4, 5, 6 und 7.
a) 31 538   d) 84 520   g) 16 940
b) 76 431   e) 603 405   h) 326 004
c) 80 211   f) 654 209   i) 832 664

7. Stelle mit den gegebenen Zahlen Divisionsaufgaben zusammen. Wie viele Divisionsaufgaben sind möglich? Bei welchen Divisionen bleibt kein Rest?

16458 17883	:	6 7
11656		8 9
17171		

8. Eine 675 g schwere Eistorte soll in neun gleich große Stücke geschnitten werden. Wieviel Gramm wiegt ein Stück Torte?

9. Acht Kinder wollen Kastanienmännchen basteln. Sie haben zusammen 438 Kastanien gesammelt, die sie gleichmäßig verteilen. Wie viele Kastanien erhält jedes Kind? Wie viele Kastanien bleiben übrig?

10. In einer Woche wurden auf einer Hühnerfarm 17 640 Eier in 6er Packungen verpackt. Wie viele Packungen wurden gebraucht?

11. Familie Bauer hat sieben Tage Urlaub am Bigge-Stausee gemacht und 1057 DM ausgegeben. Wieviel DM waren das je Tag?

12. Herr Maier fährt von Baden-Baden nach Köln (340 km) in fünf Stunden. Wie viele Kilometer hat er pro Stunde zurückgelegt?

13. Ein Schnellzug fährt die Strecke Stuttgart – Hamburg in sieben Stunden. Die Strecke ist 714 km lang. Wie viele Kilometer legt er pro Stunde zurück?

14. Gisela hat sich für sieben Tage ein Buch ausgeliehen. Es hat 406 Seiten. Sie will jeden Tag ungefähr gleich viele Seiten lesen.

15. Ein Jahr hat 365 Tage, eine Woche hat sieben Tage. Berechne, wieviel Wochen ein Jahr hat. Kann man ein Jahr ohne Rest in Wochen einteilen?

16. An wie viele Lottospieler (Anzahl von 1,..., 10) kann man einen Gewinn von 846 DM ohne Rest gleichmäßig verteilen? Jeder soll nur ganze DM-Beträge erhalten.

17. „Wenn man eine Zahl durch eine einstellige Zahl teilt, kann niemals der Rest 9 auftreten", behauptet Hans. Prüfe nach, indem du 4199 nacheinander durch 2, ..., 9 teilst. Welche Reste treten auf?

Wir dividieren schriftlich durch mehrstellige Zahlen

Eine 5. Klasse plant eine Klassenfahrt. Für Anreise, Unterkunft und Verpflegung sind insgesamt 972 DM zu zahlen.

Bernd sammelt das Geld ein. Wieviel DM muß jeder der 27 Schüler bereithalten?

Bernd dividiert 972 durch 27. Das ist eine Division durch eine zweistellige Zahl.

Durch zwei- oder mehrstellige Zahlen wird nach dem gleichen Rechenverfahren dividiert wie durch einstellige Zahlen.

Beispiel   Wir dividieren 972 durch 27.

```
 9 7 : 27 =  3 R16        1 6 2 : 27 =    6
  HZE      HZE             HZE     HZE           In Kurzform:
  9 7 2 : 27 =  3           9 7 2 : 27 =  36     972 : 27 = 36
 − 8 1                     − 8 1                  81
  ─────  · 27               ─────                 ───
   1 6 2                     1 6 2                162
                           − 1 6 2                162
                             ─────  · 27          ───
                               0                   0
```

Jeder Schüler muß 36 DM zahlen.

Wir zeigen nun weitere Divisionen mit und ohne Rest.

Beispiele

```
1. 4956 : 12 = 413     2. 1426 : 25 = 57 R1     3. 37000 : 136 = 272 R8
    48                     125                       272
    ──                     ───                       ───
    15                     176                       980
    12                     175                       952
    ──                     ───                       ───
    36                       1                       280
    36                                               272
    ──                                               ───
     0                                                 8
```

Übungen

1. Dividiere schriftlich.

a) 285 : 19   e) 504 : 24   i) 832 : 26
b) 406 : 14   f) 648 : 18   j) 874 : 23
c) 408 : 12   g) 714 : 21   k) 884 : 52
d) 504 : 21   h) 918 : 34   l) 1278 : 71

Ergebnisse: 21, 36, 17, 32, 34, 24, 18, 29, 34, 27, 38, 15

2. Führe zunächst eine Überschlagsrechnung durch. Dann dividiere schriftlich.
Beispiel: 7344 : 24
Überschlagsrechnung: 7500 : 25 = 300
Genaues Ergebnis: 306

a) 1344 : 16   e) 1430 : 55   i) 8470 : 70
b) 2142 : 42   f) 2856 : 28   j) 18176 : 71
c) 1377 : 51   g) 1705 : 55   k) 10052 : 28
d) 2378 : 58   h) 2976 : 12   l) 700016 : 67

3. Dividiere die Zahlen 415; 638; 721; 805
a) durch 14   b) durch 24   c) durch 34.
Schätze das Ergebnis zunächst durch eine Überschlagsrechnung.

4. Dividiere. Mache die Probe durch Multiplizieren.
Beispiel: 16730 : 35 = 478
Probe: 478 · 35 = 16730

a) 22120 : 56
b) 20148 : 23
c) 95353 : 79
d) 90936 : 36
e) 43638 : 42
f) 560052 : 36
g) 552552 : 24
h) 202202 : 91
i) 2039128 : 52
j) 8470000 : 25
k) 12750000 : 75
l) 42976974 : 93

5. Es bleibt beim Dividieren ein Rest. Führe zuerst eine Überschlagsrechnung durch. Die Summe aller Reste ist 187.

a) 231 : 17
b) 243 : 21
c) 384 : 31
d) 482 : 31
e) 652 : 34
f) 762 : 46
g) 772 : 92
h) 862 : 61
i) 3185 : 12
j) 3952 : 51
k) 4321 : 41
l) 5348 : 42

6. Berechne. Schätze das Ergebnis zuvor.

a) 1938 : 70
b) 2619 : 30
c) 2685 : 50
d) 3150 : 10
e) 3684 : 90
f) 6632 : 60
g) 7256 : 40
h) 9540 : 20

7. Dividiere. Mache die Probe.
Beispiel: 21300 : 27 = 788 R24
Probe:
788 · 27 + 24 = 21276 + 24 = 21300

a) 6312 : 19
b) 61385 : 15
c) 7654 : 32
d) 66315 : 12
e) 8143 : 65
f) 78942 : 14
g) 9526 : 16
h) 92141 : 16
i) 63145 : 23
j) 95216 : 90
k) 38427 : 21
l) 98794 : 20

8. Berechne. Kontrolliere die Ergebnisse durch eine Überschlagsrechnung.

a) 1356 : 215
b) 5321 : 518
c) 7638 : 554
d) 34579 : 216
e) 72194 : 362
f) 352491 : 281
g) 562731 : 492
h) 281367 : 143

9. Frau Weigel ist an 15 Tagen mit dem Wagen denselben Weg zur Arbeit gefahren. Insgesamt fuhr sie 930 km.
a) Wieviel Kilometer ist sie täglich gefahren?
b) Wie weit ist ihre Arbeitsstätte von der Wohnung entfernt?

10. In einer Schokoladenfabrik werden je 24 Pralinen in eine Schachtel verpackt. Wie viele Schachteln sind abzupacken bei:
a) 5088 Pralinen   d) 13200 Pralinen
b) 9528 Pralinen   e) 17472 Pralinen
c) 9888 Pralinen   f) 30240 Pralinen

11. Frau Riedel hat an der Tankstelle 26,85 DM gezahlt und dafür 28 Liter Benzin getankt. Wie teuer ist ein Liter Benzin? (Rechne mit 2685 Pfennig.)

12. Die Klassen 5a (24 Schüler) und 5b (26 Schüler) machen gemeinsam einen Klassenausflug in das Wittgensteiner Land. Die Fahrtkosten für den Bus betragen 650 DM. Wieviel DM muß jeder Schüler zahlen?

13. Ein Intercity-Zug hat einschließlich der Elektro-Lokomotive ein Gesamtgewicht von 672 Tonnen. Wieviel wiegt jeder der 14 Wagen, wenn die Lokomotive ein Gewicht von 112 Tonnen hat?

14. Die Zahl 46189 hat vier Teiler, die zwischen 10 und 20 liegen. Wie heißen die Zahlen?

Wir multiplizieren und dividieren Geldbeträge

Thomas, Georg, Cornelia und Gabi haben Karten für ein Fußballspiel gekauft. Eine Karte kostet 18 DM. Wieviel kosten die vier Karten?

Hier wird ein *Geldbetrag* mit einer *Zahl multipliziert*.

Wir berechnen das Vierfache von 18 DM:
4 · 18 DM = 72 DM

Die vier Karten kosten 72 DM.

Das Ergebnis ist wieder ein Geldbetrag.

Beispiele

1. Frank hat für 5 Stehplatzkarten 65 DM bezahlt. Wieviel DM kostet eine Karte?

Wir dividieren 65 DM durch 5:
65 DM : 5 = 13 DM

Eine Stehplatzkarte kostet 13 DM.

Hier wird ein *Geldbetrag* durch eine *Zahl dividiert*.

Das Ergebnis ist wieder ein Geldbetrag.

2. Ruth kauft für 54 DM Tribünenkarten. Eine Karte kostet 18 DM. Wie viele Karten erhält sie?

Wir teilen 54 DM in 18-DM-Päckchen auf:
54 DM : 18 DM. Wir rechnen:
54 : 18 = 3

Die Anzahl der Karten ist 3.

Hier wird ein *Geldbetrag* durch einen anderen *Geldbetrag dividiert*, indem die Maßzahlen dividiert werden.

Das Ergebnis ist eine unbenannte Zahl, *kein* Geldbetrag.

Übungen

1. Berechne wie im Beispiel:

15 · 6,50 DM = 15 · 650 Pf = 9750 Pf
= 97,50 DM

a) 12 · 4,60 DM
b) 14 · 7,20 DM
c) 20 · 8,20 DM
d) 15 · 9,30 DM
e) 13 · 5,15 DM
f) 21 · 0,64 DM
g) 11 · 6,32 DM
h) 17 · 5,27 DM
i) 19 · 3,54 DM
j) 16 · 9,12 DM
k) 12 · 10,37 DM
l) 23 · 4,01 DM

2. Berechne wie im Beispiel:

18,40 DM : 8 = 1840 Pf : 8 = 230 Pf
= 2,30 DM

a) 25,20 DM : 7
b) 23,40 DM : 9
c) 23,50 DM : 5
d) 28,80 DM : 4

3. Berechne.

a) 8 · 2,80 DM
b) 4 · 0,75 DM
c) 7 · 3,15 DM
d) 14 · 1,64 DM
e) 3,90 DM : 6
f) 4,62 DM : 7
g) 6,55 DM : 8
h) 13,44 DM : 12

4. Berechne wie im Beispiel.

8,50 DM : 0,50 DM.   850 : 50 = 17

a) 6,40 DM : 0,40 DM
b) 9,80 DM : 0,70 DM
c) 19,20 DM : 0,80 DM
d) 20,40 DM : 0,60 DM

5. Berechne
a) 8 · 12,50 DM
b) 7 · 15,30 DM
c) 4 · 24,80 DM
d) 5,40 DM : 0,90 DM
e) 6,30 DM : 0,70 DM
f) 10,50 DM : 0,50 DM

6. Der Klassensprecher sammelt für ein Geschenk von jedem der 28 Schüler einer Klasse 0,45 DM ein.
a) Wieviel kostet das Geschenk?
b) Wieviel DM müßte er von jedem Schüler verlangen, wenn das Geschenk 18,20 DM kostet?

7. Anne hat jede Woche von ihrem Taschengeld 2,75 DM gespart. Sie hat insgesamt 19,25 DM gespart. Wie viele Wochen hat sie dazu gebraucht?

8. Ute erhält monatlich 16,50 DM Taschengeld, Anne 19,50 DM und Peter 17,00 DM. Berechne das Taschengeld, das jedes der Kinder in einem Jahr bekommt.

9. Übertrage die Tabelle in dein Heft und fülle die Lücken richtig aus.

monatlicher Sparbetrag	Anzahl der Monate	Gesamtbetrag
18,40 DM	6	
	7	138,60 DM
21,50 DM		236,50 DM

10. Auf dem Markt werden Topfblumen angeboten:
Geranien kosten je Stück 2,75 DM,
Petunien je Stück 85 Pf,
Fuchsien je Stück 2,25 DM.
Frau Fröhlich braucht für ihre Blumenkästen: 6 Petunien, 5 Geranien, 10 Fuchsien.
Frau Buntrock will für 35 DM Blumen kaufen; 12 der Blumen sollen Fuchsien sein. Für den Rest des Geldes will sie Petunien kaufen.

11. Ein Kaufhaus bietet Gartenmöbel an.
Gartentisch, wetterfest   149,– DM
Gartensessel „Napoli"   69,90 DM
Gartensessel, verstellbar   159,– DM
Gartensessel, mit Auflage   119,– DM
a) Udos Vater möchte einen Gartentisch und vier Gartensessel kaufen, will aber höchstens 450 DM dafür zahlen. Ist das bei diesem Angebot möglich?
b) Wieviel DM kosten drei Gartensessel mit Auflage und ein Gartentisch?

12. Löse folgende Aufgabe mit Hilfe des dargestellten Rechenbaumes und zeige daran die einzelnen Rechenschritte:
In einem Kasten sind zwölf Flaschen Sprudel. Jede Flasche kostet 0,89 DM. Außerdem sind noch 6,60 DM als Pfand zu zahlen.

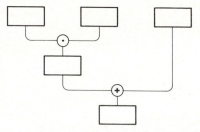

13. Drei Geschäfte bieten Limo in Dosen an: 5 Dosen zu 2,45 DM; 12 Dosen zu 6,48 DM; 25 Dosen zu 13 DM. Wo ist der Preis für eine Dose Limo am niedrigsten?

14. Im Gasthaus „Zur ruhigen Einkehr" bestellen zwei Erwachsene und zwei Kinder ein Mittagessen:
ein Essen zu 18,50 DM, ein Essen zu 21,90 DM, zwei Essen zu je 15,50 DM, zwei Bier zu je 1,80 DM, ein Wasser zu 2,50 DM und zwei Limo zu je 1,80 DM.
a) Wieviel DM sind insgesamt zu zahlen?
b) Wieviel DM erhält man von 100 DM zurück?

15. Anne bekommt monatlich 15 DM Taschengeld. Im letzten Monat hatte sie davon ausgegeben für 2 Hefte je 1,60 DM, für ein Geschenk 7,50 DM. Den Rest hat sie gespart.

Multiplikation und Division

Wir multiplizieren und dividieren Längen

Elke hat für die Modelleisenbahn sechs gleich lange Schienenstücke zusammengebaut; sie ergeben eine Länge von 96 cm. Wie lang ist ein Schienenstück?
Wir dividieren die Gesamtlänge durch die Anzahl der Schienenstücke:
$$96\,\text{cm} : 6 = \underline{16\,\text{cm}}$$
Ein Schienenstück ist 16 cm lang.

Stefan baut vier Schienenstücke zusammen. Wie lang ist seine Schienenstrecke?
Wir multiplizieren die Länge eines Schienenstückes mit 4:
$$4 \cdot 16\,\text{cm} = \underline{64\,\text{cm}} \quad \text{oder} \quad 16\,\text{cm} \cdot 4 = \underline{64\,\text{cm}}$$
Stefans Schienenstück ist 64 cm lang.

Klaus verlegt 80 cm Schienen. Wie viele Stücke hat er zusammengebaut?
Wir dividieren die Länge der Schienenstrecke durch die Länge eines Schienenstückes:
$$80\,\text{cm} : 16\,\text{cm} = \underline{5}$$
Klaus hat fünf Schienenstücke zusammengebaut.

Längen kann man mit Zahlen **multiplizieren** oder durch Zahlen **dividieren**. Wenn man zwei Größen mit derselben Benennung dividiert, so erhält man eine Zahl ohne Benennung.

Übungen

1. Berechne.
Beispiel: $4{,}32\,\text{m} \cdot 12$
$= 432\,\text{cm} \cdot 12 = 5184\,\text{cm} = \underline{51{,}84\,\text{m}}$

a) $5{,}02\,\text{m} \cdot 21$ c) $12{,}32\,\text{m} \cdot 20$
b) $7{,}150\,\text{km} \cdot 15$ d) $17{,}3\,\text{km} \cdot 14$

2. Berechne.
Beispiel: $14{,}50\,\text{m} : 0{,}25\,\text{m}$
$= 1450\,\text{cm} : 25\,\text{cm} = \underline{58}$

a) $28{,}80\,\text{m} : 0{,}80\,\text{m}$ e) $2{,}44\,\text{m} : 61\,\text{cm}$
b) $29{,}4\,\text{m} : 0{,}7\,\text{m}$ f) $14{,}5\,\text{dm} : 2{,}9\,\text{dm}$
c) $10{,}80\,\text{m} : 0{,}60\,\text{m}$ g) $173{,}9\,\text{cm} : 4{,}7\,\text{cm}$
d) $37{,}8\,\text{m} : 0{,}9\,\text{m}$ h) $2225\,\text{m} : 8{,}9\,\text{m}$

3. Berechne.
a) 5 · 2,70 m
b) 8 · 5,15 m
c) 12,5 cm · 4
d) 16,4 cm · 7
e) 5,40 m : 6
f) 6,30 m : 9
g) 2,80 m : 0,40 m
h) 3,20 m : 0,80 m

4. Herr Kaiser fährt täglich mit dem Wagen zu seiner Arbeit. Hin- und Rückweg ergeben zusammen 12,7 km. Er arbeitet wöchentlich 5 Tage, in einem Monat 21 Tage und in einem Jahr 223 Tage. Wieviel Kilometer legt er in einer Woche, wieviel in einem Monat, wieviel in einem Jahr zurück?

5. Peter, Ulrich und Manuela gehen spazieren; sie möchten ihre Schrittlänge feststellen. Manuela legt mit 30 Schritten 19,5 m zurück, Peter mit 20 Schritten 13,6 m und Ulrich mit 10 Schritten 7,2 m.
a) Wie lang ist ein Schritt von jedem?
b) Wie viele Schritte braucht jeder für einen Kilometer?

6. Britta schätzt die Länge einer Brücke auf 70 m. Beim Überschreiten der Brücke zählt sie 152 Schritte. Um wieviel Meter hat sie sich beim Schätzen geirrt, wenn jeder ihrer Schritte 60 cm lang ist?

7. Anne zählt die Schritte, die sie von zu Hause bis zur Schule macht; es sind 1136 Schritte. Ihre Schritte sind 62 cm lang.
a) Wieviel Meter legt Anne täglich auf dem Schulweg zurück (Hin- und Rückweg)?
b) Wieviel Kilometer sind das bei fünf Tagen in einer Woche?

8. In einem Buchlager stehen Bücher in einem Regal.
a) In der oberen Reihe stehen 60 Bücher, von denen jedes 1,5 cm dick ist.
b) In der mittleren Reihe stehen 75 Bücher, von denen jedes 1,2 cm dick ist.
c) In der unteren Reihe stehen 112 Bücher, von denen jedes 1,8 cm dick ist.
Wie lang sind die drei Buchreihen?

9. Ulrich hilft seinem Vater beim Bau eines Vogelhauses. Er soll von einer 4 m langen Leiste folgende Stücke abschneiden:
3 Stücke von je 27,5 cm, 8 Stücke von je 35 cm und 2 Stücke von je 12,5 cm Länge.
Ist die Leiste lang genug?

10. In einer Schreinerei wird ein Balken, der 15,2 cm hoch ist, in Bretter zersägt. Wie dick werden die sieben Bretter, wenn bei jedem Sägeschnitt 2 mm verlorengehen?

11. Auf einer Rolle sind 5,20 m Grastapete. Beim Kleben dieser Tapete gibt es keinen Abfall. Zum Tapezieren eines Treppenhauses werden benötigt:
vier Bahnen zu 4,20 m,
drei Bahnen zu 3,75 m und
fünf Bahnen zu 2,79 m.
Wie viele Rollen Tapete müssen bestellt werden?

12. Ein Fußballspieler läuft bei einem Spiel ungefähr 7900 m. Während eines Jahres finden etwa 38 Spiele statt. Wie lang ist die Strecke, die er bei 38 Spielen im Jahr zurücklegt?

Wir multiplizieren und dividieren Gewichte

Für vier Tortenböden hat Bäcker Weißmehl 320 g Zucker verbraucht.

a) Wieviel Gramm Zucker braucht er dann für einen Tortenboden?

320 g : 4 = 80 g
Er braucht für 1 Tortenboden 80 g Zucker.

b) Es werden weitere fünf Tortenböden bestellt. Wieviel Gramm Zucker braucht er dafür?

5 · 80 g = 400 g
Er braucht für 5 Tortenböden 400 g Zucker.

c) Für wie viele Tortenböden reicht der Zucker, wenn er noch 960 g hat?

960 g : 80 g.   960 : 80 = 12
960 g reichen für 12 Tortenböden.

Übungen

1. Rechne die folgenden Aufgaben nach den vorgerechneten Beispielen.
Beispiel:
21 · 2,125 kg = 21 · 2125 g
= 44 625 g = 44,625 kg

a) 1,723 kg · 14
b) 3,212 kg · 12
c) 4,060 kg · 16
d) 15 · 5,327 kg

Beispiel:
12,920 kg : 0,085 kg.   12 920 : 85 = 152

e) 4,500 kg : 0,060 kg
f) 5,760 kg : 0,080 kg
g) 12 kg : 50 g
h) 34,5 kg : 1,5 kg

2. Berechne:
a) 7 · 3,820 kg
b) 6 · 0,725 kg
c) 2 · 6,132 t
d) 4 · 6,030 kg
e) 3 · 4,275 t
f) 5,124 kg : 4
g) 3,875 kg : 5
h) 4,320 t : 6
i) 1,280 t : 4
j) 2,394 t : 3
k) 9,396 kg : 9
l) 12,792 kg : 8

3. Ein Lastkraftwagen hat ein Ladegewicht von 3,5 t. Wie viele Kisten zu 125 kg (175 kg) können geladen werden?

4. Ein Transporter darf Lasten bis zum Gewicht von einer Tonne befördern. Um wieviel Kilogramm ist das zulässige Ladegewicht überschritten, wenn 250 Packungen Waschpulver zu je 4,5 kg geladen werden?

5. Ein Lastkahn kann 2500 t Kohle laden. Kann er die Kohle von 41 Güterwaggons aufnehmen, wenn jeder Wagen mit 60,5 t beladen ist?

6. Tee wird auch in Aufgußbeuteln verkauft. Eine Packung schwarzen Tees enthält 20 Aufgußbeutel; in jedem Beutel sind 1,75 g Tee. Eine Packung Hagebuttentee enthält auch 20 Aufgußbeutel; in jedem Beutel sind 2,5 g Tee. Wieviel Gramm Tee enthalten die einzelnen Packungen?

7. Eine Teefirma packt 70 kg Tee in Aufgußbeutel zu 1,75 g ab. Wie viele Packungen zu je 20 Aufgußbeuteln ergibt das?

Wir wiederholen

1. Runde auf volle Tausender.

3212   6702   4500   26999
32601   50748   96707   363499

2. Berechne

a) 9958 + 20
   9958 + 12
   9958 + 73
   9958 − 95
b) 99991 + 13
   99992 + 130
   99993 + 77
   99994 + 177
c) 10005 − 25
   10005 − 250
   10005 − 85
   10005 − 850
d) 100004 − 6
   100004 − 60
   100004 − 9
   100004 − 90

3. Stelle verschiedene Rechenwege dar und berechne.

Beispiel:

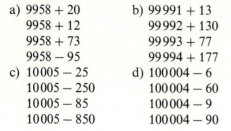

a) 319 − 187   c) 416 − 246   e) 283 + 114
b) 78 + 49   d) 213 + 63   f) 114 − 83

4. Wenn du entsprechende Zahlen in den gegenüberliegenden Pyramiden addierst, heißt die Summe immer 165. Suche die fehlenden Zahlen.

Beispiel: 85 + 80 = 165

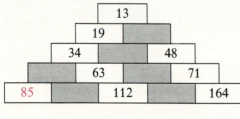

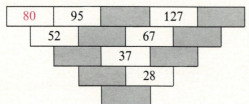

5. Übertrage in dein Heft und fülle aus.

·	5	9	7	6	8	3
19						
23						

6. Übertrage das Rätsel und löse im Heft.

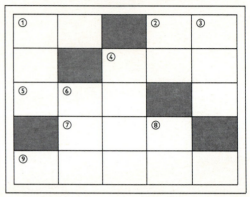

waagerecht	senkrecht
① 7 · 8	① 113 · 5
② 22 · 3	② 2 · 34
④ 4 · 71	③ 8 · 81
⑤ 3 · 177	④ 5 · 422
⑦ 56 · 2	⑥ 4 · 79
⑨ 3 · 22003	⑧ 5 · 4

7. Übertrage in dein Heft und fülle aus.

:	2	3	4	5	6	12
360						
540						

8. Wie heißt das Lösungswort? Löse die folgenden Aufgaben und ordne die Buchstaben in der Reihenfolge der Lösungen:

a) 184 : 8
   7 · 28
   12 · 11
   147 : 7
   4 · 42
b) 6 · 22
   231 : 11
   12 · 14
   207 : 9
   4 · 49

A	H	E	T	M
196	21	168	132	23

8. Die Verbindung der Rechenarten

Wir rechnen mit Klammern

Peter und Inge sollen an der Tafel die Aufgabe 13 · 5 · 2 ausrechnen. Peter hat schon Mühe, zuerst 13 · 5 auszurechnen. Inge rechnet anders. Sie multipliziert zuerst 5 · 2 = 10. Das ist leicht. Dann rechnet sie 13 · 10 = 130; auch das ist leicht.

Inge hat die Zahlen anders **zusammengefaßt** als Peter. Das ist beim Rechnen oft vorteilhafter. Um zu zeigen, wie zusamengefaßt wird, werden **Klammern** gesetzt.

Was in Klammern steht, wird zuerst ausgerechnet.

Beispiel Wir zeigen, wie Peter gerechnet hat und wie Inge rechnen konnte.

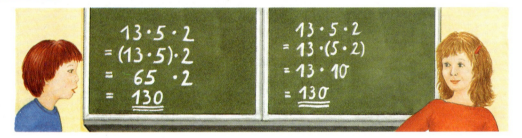

Beispiel Peter und Inge rechnen 36 + 17 + 13.

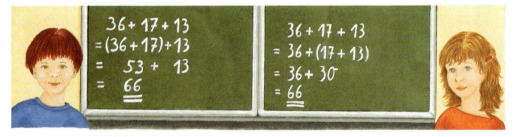

Peter hat zuerst 36 + 17 = 53 gerechnet und dann 13 addiert. Inge hat zuerst 17 + 13 = 30 zusammengefaßt und dann 36 + 30 berechnet. Das ist vorteilhafter.

Beim Addieren und Multiplizieren dürfen wir die einzelnen Zahlen beliebig durch Klammern zusammenfassen.

An den folgenden Beispielen sehen wir, daß wir beim Subtrahieren und Dividieren *nicht* beliebig zusammenfassen dürfen.

Beispiele

1. $(37 - 18) - 8$ aber $37 - (18 - 8)$
   $= 19 \quad - 8 \qquad\qquad = 37 - \quad 10$
   $= \underline{\underline{11}} \qquad\qquad\qquad = \underline{\underline{27}}$

2. $(20 : 10) : 2$ aber $20 : (10 : 2)$
   $= \quad 2 \quad : 2 \qquad\qquad = 20 : \quad 5$
   $= \underline{\underline{1}} \qquad\qquad\qquad = \underline{\underline{4}}$

Übungen

1. Rechne ausführlich auf beide Arten.
a) $(37 + 16) + 24$ und $37 + (16 + 24)$
b) $112 + (51 + 49)$ und $(112 + 51) + 49$
c) $(258 + 117) + 23$ und $258 + (117 + 23)$
d) $565 + (79 + 21)$ und $(565 + 79) + 21$
e) $(5 \cdot 2) \cdot 7$ und $5 \cdot (2 \cdot 7)$
f) $18 \cdot (2 \cdot 5)$ und $(18 \cdot 2) \cdot 5$
g) $(6 \cdot 8) \cdot 5$ und $6 \cdot (8 \cdot 5)$
h) $11 \cdot (2 \cdot 3)$ und $(11 \cdot 2) \cdot 3$

2. Setze Klammern so, daß die Rechnung möglichst einfach wird.
a) $186 + 17 + 13$ e) $5 \cdot 4 \cdot 25$
b) $200 + 180 + 320$ f) $8 \cdot 25 \cdot 18$
c) $431 + 245 + 55$ g) $21 \cdot 5 \cdot 4$
d) $712 + 88 + 20$ h) $85 \cdot 2 \cdot 5$

3. Stelle zu den Übungen aus Aufgabe 2 den günstigsten Rechenweg in einem Rechenbaum dar.
Beispiel:
vorteilhaft: nicht so günstig:
$17 \cdot (25 \cdot 2)$ $(17 \cdot 25) \cdot 2$

```
 17   25   2         17   25   2
       └─·─┘          └─·─┘
         50             425
   └────·────┘    └────·────┘
       850            850
```

4. Berechne. Was fällt dir auf?
a) $(70 - 20) + 50$ und $70 - (20 + 50)$
b) $80 : (4 : 2)$ und $(80 : 4) : 2$
c) $180 - (80 - 40)$ und $(180 - 80) - 40$
d) $16 : (4 : 4)$ und $(16 : 4) : 4$
e) $(500 - 80) - 60$ und $500 - (80 - 60)$

5. Stelle die Übungen aus Aufgabe 4 in Rechenbäumen dar.

6. Beim Kopfrechnen zerlegt man Zahlen oft so, daß sich Rechenvorteile ergeben.
Beispiel:
$96 + 117 = (96 + 4) + 113 = 100 + 113 = \underline{\underline{213}}$
Schreibe ebenso ausführlich.
a) $920 + 84$ e) $638 - 48$
b) $730 - 65$ f) $638 + 72$
c) $427 - 29$ g) $452 + 97$
d) $386 + 414$ h) $348 - 67$

7. Berechne vorteilhaft.
a) $256 - 96$ c) $1292 + 159$
b) $487 - 99$ d) $1158 + 282$

8. Berechne. Beginne mit der Klammer.
a) $95 - (7 + 12 + 23)$
b) $76 + 93 - (17 + 88 + 64)$
c) $126 - (57 + 19 + 33)$
d) $298 - (105 + 66 + 85)$

9. Berechne.
a) $(74 + 37) - (52 - 15)$
b) $(118 - 33) - (18 - 17)$
c) $(125 - 18) - (74 - 24)$
d) $(24 + 148) - (112 - 67)$

10. a) Vermehre die Differenz aus 125 und 73 um die Summe von 32 und 49.
b) Vermindere die Summe aus 168 und 99 um 154.
c) Addiere zur Differenz aus 85 und 66 die Differenz von 53 und 35.
d) Die Summe aus 48, 56, und 32 soll um die Differenz von 23 und 17 vermehrt werden.

Wir rechnen vorteilhaft durch Vertauschen

Eine Terrasse ist mit Platten ausgelegt worden. Inge zählt fünf Reihen zu je vier Platten. Peter zählt vier Reihen zu je fünf Platten.

Wie viele Platten sind es insgesamt? Ändert sich die Anzahl der Platten, je nachdem, von wo aus man die Terrasse betrachtet?

Es ist gleichgültig, in welcher *Reihenfolge* wir rechnen:

$5 \cdot 4 = 20$ und $4 \cdot 5 = 20$

Die Terrasse ist mit 20 Platten ausgelegt worden.

Auch an den folgenden Beispielen sehen wir, daß bei der Addition und bei der Multiplikation die Zahlen vertauscht werden dürfen. Bei der Subtraktion und bei der Division gilt dies nicht.

Beispiele

1. $13 + 7 = 20$
   $7 + 13 = 20$
2. $13 - 7 = 6$
   $7 - 13 = ?$
3. $5 \cdot 6 = 30$
   $6 \cdot 5 = 30$
4. $10 : 5 = 2$
   $5 : 10 = ?$

Beim Addieren und Multiplizieren dürfen wir die Zahlen beliebig **vertauschen**.

Das Ergebnis ändert sich dabei nicht.

Durch Vertauschen der Zahlen können wir oft vorteilhaft rechnen.

Beispiele

1. $114 + 59 + 16 = 59 + 114 + 16$
   vertauschen
   $= 59 + (114 + 16)$
   $= 59 + 130$
   $= \underline{\underline{189}}$

2. $25 \cdot 19 \cdot 4 = 25 \cdot 4 \cdot 19$
   vertauschen
   $= (25 \cdot 4) \cdot 19$
   $= 100 \cdot 19$
   $= \underline{\underline{1900}}$

Übungen

1. Berechne und vergleiche.
a) $15 + 72$ und $72 + 15$
b) $27 + 89$ und $89 + 27$
c) $94 + 120$ und $120 + 94$

2. Berechne und vergleiche.
a) $15 \cdot 9$ und $9 \cdot 15$
b) $22 \cdot 8$ und $8 \cdot 22$
c) $61 \cdot 3$ und $3 \cdot 61$
d) $4 \cdot 19$ und $19 \cdot 4$
e) $8 \cdot 25$ und $25 \cdot 8$

3. Übertrage in dein Heft und fülle aus.

a)
+	7	15	27	43
7				
15				
27				
43				

b)
·	4	12	15	25
4				
12				
15				
25				

4. Berechne $a + b$ und $b + a$, indem du für a und b die gegebenen Zahlen einsetzt.
a) $a = 217$, $b = 432$
b) $a = 241$, $b = 260$
c) $a = 502$, $b = 160$
d) $a = 579$, $b = 89$
e) $a = 144$, $b = 231$
f) $a = 901$, $b = 87$

5. Berechne $a \cdot b$ und $b \cdot a$, indem du für a und b die gegebenen Zahlen einsetzt.
a) $a = 25$, $b = 9$
b) $a = 110$, $b = 20$
c) $a = 240$, $b = 8$
d) $a = 70$, $b = 60$
e) $a = 120$, $b = 60$
f) $a = 15$, $b = 2000$

6. Eine Jugendgruppe macht eine Wanderung von der Jugendherberge Düsseldorf zur Jugendherberge Ratingen. Am Vormittag wandert die Gruppe 5 km und nach der Mittagspause noch einmal 6 km. Bei der Rückwanderung am nächsten Tag macht es die Gruppe umgekehrt, vormittags 6 km und nachmittags 5 km. Wieviel Kilometer ist die Gruppe an jedem Tag gewandert?

7. Rainer wirft nacheinander in sein Sparschwein: 60 Pf, 50 Pf, 75 Pf, 90 Pf, 30 Pf. Wieviel Geld hat er gespart? Ändert sich der gesparte Betrag, wenn er das Geld in anderer Reihenfolge in das Sparschwein geworfen hätte?

8. Vertausche geeignete Zahlen und fasse in Klammern zusammen, ehe du ausrechnest.
a) $28 + 36 + 22$
b) $225 + 116 + 125$
c) $368 + 79 + 32$
d) $423 + 99 + 27$
e) $382 + 125 + 275$
f) $367 + 98 + 23$
g) $134 + 166 + 120$
h) $186 + 41 + 14$

9. Rechne vorteilhaft.
a) $731 + 67 + 69 + 13$
b) $451 + 127 + 109 + 203 + 10$
c) $111 + 222 + 89 + 188$
d) $208 + 215 + 202 + 225$

10. Rechne möglichst einfach.
a) $5 \cdot 87 \cdot 2$
b) $2 \cdot 78 \cdot 5$
c) $18 \cdot 90 \cdot 5$
d) $7 \cdot 2 \cdot 6 \cdot 5$
e) $4 \cdot 5 \cdot 9 \cdot 5$
f) $2 \cdot 7 \cdot 25 \cdot 2$
g) $3 \cdot 4 \cdot 25 \cdot 5$
h) $7 \cdot 15 \cdot 3 \cdot 2$

11. Berechne.
a) $755 + 75 + 92$
b) $412 + 29 + 48$
c) $477 + 98 + 23$
d) $569 + 24 + 41$
e) $5 \cdot 13 \cdot 4$
f) $25 \cdot 7 \cdot 8$
g) $15 \cdot 13 \cdot 6$
h) $12 \cdot 14 \cdot 15$
i) $145 + 67 + 55$
j) $678 + 93 + 22$
k) $924 + 25 + 36$
l) $310 + 84 + 190$
m) $42 \cdot 7 \cdot 5$
n) $14 \cdot 12 \cdot 25$

12. Rechne vorteilhaft und zeichne dazu die Rechenbäume.
a) $28 + 39 + 72$
b) $70 + 44 + 36$
c) $190 + 210 + 33$
d) $15 \cdot 3 \cdot 6$
e) $15 \cdot 5 \cdot 6$
f) $15 \cdot 2 \cdot 6$
g) $86 + 74 + 14$
h) $97 + 87 + 13$
i) $55 + 55 + 45$
j) $46 \cdot 4 \cdot 15$
k) $82 \cdot 5 \cdot 7$
l) $45 \cdot 19 \cdot 2$
Ergebnisse: 1710, 139, 180, 155, 150, 2760, 270, 433, 174, 2870, 450, 197

13. In einem Wohngebiet werden vier Hochhäuser errichtet. Jedes Hochhaus soll acht Etagen haben. Auf jeder Etage sollen fünf Wohnungen liegen. Wie viele Wohnungen gibt es in den Hochhäusern?

14. Georg schwimmt 25 Bahnen in einem 50-m-Becken. Stefan schwimmt 50 Bahnen in einem 25-m-Becken.

15. Herr Faber fährt mit dem Auto von Höxter zum Düsseldorfer Flughafen. Zunächst fährt er nach Diemelstadt (42 km), von dort aus nach Dortmund (157 km) und weiter nach Essen (43 km). Bis Düsseldorf sind es dann noch 28 km. Rechne vorteilhaft.

16. Der Elternbeirat einer Schule unterstützt folgende Aktionen: Schulfest 280 DM, Sporttag 130 DM, Kauf von Sportgeräten 370 DM und Schulgarten 220 DM.

Die Verbindung der Rechenarten

Wir wiederholen

1. Gib folgende Beträge in Pf an.
a) 5,05 DM
   9,80 DM
b) 0,50 DM
   2,08 DM
c) 22,38 DM
   16,02 DM
d) 75,09 DM
   102,15 DM

2. Überschlage und berechne.
a) 7,23 DM + 16,78 DM
b) 48,50 DM − 16,85 DM
c) 23,92 DM + 76,84 DM
d) 120,95 DM − 94,87 DM

3. Überschlage und berechne.
a) 580 DM − 13,40 DM − 860 Pf + 120 Pf
b) 6,32 DM + 48 DM − 17,50 DM + 2946 Pf
c) 18,48 DM + 2 DM 84 Pf + 842 Pf − 16,34 DM

4. Überschlage und berechne.
a) 14 · 18,40 DM
b) 12 · 12,63 DM
c) 15 · 16,25 DM
d) 148,50 DM : 9
e) 196,80 DM : 8
f) 72,65 DM : 5

5. Stefan erhält jeden Monat 16,50 DM Taschengeld. Wieviel Taschengeld bekommt er in einem Jahr?

6. Anne hat jede Woche 2,75 DM von ihrem Taschengeld gespart. Sie hat nun insgesamt 41,25 DM. Wie viele Wochen hat sie dazu gebraucht?

7. Herr Kolowski kauft sechs Geranien, das Stück zu 2,75 DM, und acht Begonien, das Stück zu 2,40 DM. Er zahlt mit einem 50-DM-Schein. Wieviel DM erhält er zurück?

8. Frau Özgur tankt 60 l Benzin und zahlt dafür 83,54 DM. Wieviel kostet ein Liter Benzin?

9. Für eine Klassenfahrt betragen die Buskosten 181,85 DM. Aus der Klassenkasse werden 80 DM genommen. Der Rest wird gleichmäßig auf die 21 Schüler verteilt. Wieviel DM hat jeder Schüler zu zahlen?

10. Andreas hat eingekauft. Die Waren kosten 16,38 DM; 3,60 DM; 2,02 DM; 4,01 DM und 0,66 DM. Die Kassiererin tippt die Beträge in die Kasse. Auf dem Kassenzettel steht als Summe 226,65 DM. Stimmt das? Welcher Fehler könnte entstanden sein?

11. a) Die Klassensprecherin sammelt für einen Ausflug von jedem der 19 Schüler 4,50 DM für die Busfahrt ein. Wie teuer ist die Busfahrt?
b) Wieviel DM müßte sie von jedem Schüler verlangen, wenn die Busfahrt 91,20 DM kostet?

12. Herr und Frau Sattler gehen mit ihren zwei Kindern in ein Restaurant. Sie bestellen: ein Essen zu 12,50 DM, ein Essen zu 13,40 DM, zwei Essen zu je 11,80 DM, zwei Getränke zu je 1,50 DM und zwei Getränke zu je 1,90 DM. Wieviel DM waren insgesamt zu zahlen?

13. Familie Steiner möchte mit zwei Kindern 14 Tage in Urlaub fahren. Für Halbpension sind in der Hauptsaison täglich 38,50 DM pro Person zu zahlen, in der Nachsaison täglich 29,50 DM.
a) Was kostet der Urlaub in der Hauptsaison?
b) Was kostet der Urlaub in der Nachsaison?
c) Wieviel DM kann Familie Steiner sparen, wenn sie ihren Urlaub in der Nachsaison nimmt?

14. Stefan verbringt seinen Urlaub mit sieben Jungen auf einem Campingplatz. Sie wohnen in zwei Zelten. Je Tag sind für jedes Zelt 4 DM und für jeden Jungen 3 DM zu zahlen.
a) Wie lange war die Gruppe auf dem Campingplatz, wenn sie insgesamt 96 DM zahlen mußte?
b) Wie lange hätte die Gruppe für 150 DM auf dem Campingplatz bleiben und Urlaub machen können?

15. Stefan wünscht sich eine Campingausrüstung. Stelle sie zusammen und rechne. Bilde selbst weitere Aufgaben.

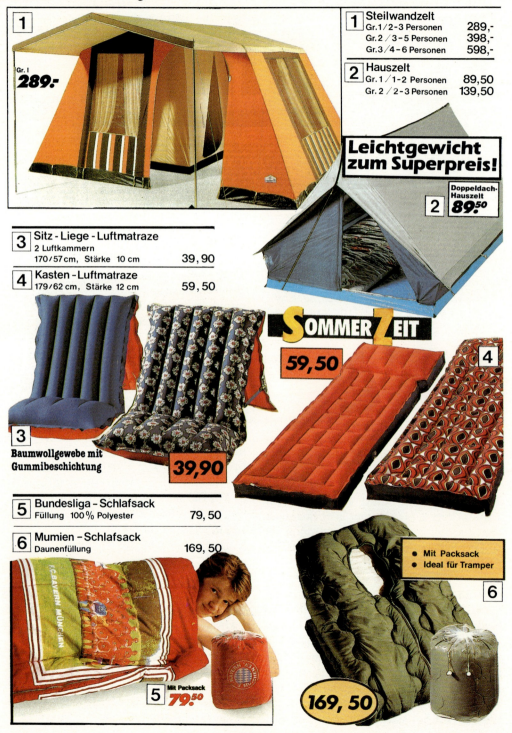

1	Steilwandzelt	
	Gr. 1 / 2-3 Personen	289,-
	Gr. 2 / 3-5 Personen	398,-
	Gr. 3 / 4-6 Personen	598,-

2	Hauszelt	
	Gr. 1 / 1-2 Personen	89,50
	Gr. 2 / 2-3 Personen	139,50

3	Sitz - Liege - Luftmatraze	
	2 Luftkammern	
	170/57 cm, Stärke 10 cm	39,90

4	Kasten - Luftmatraze	
	179/62 cm, Stärke 12 cm	59,50

3 Baumwollgewebe mit Gummibeschichtung

5	Bundesliga - Schlafsack	
	Füllung 100 % Polyester	79,50

6	Mumien - Schlafsack	
	Daunenfüllung	169,50

- Mit Packsack
- Ideal für Tramper

16. Denke dir zu folgenden Rechenbäumen entsprechende „Rechengeschichten" aus. Als Beispiel dafür kann der folgende Rechenbaum dienen.

Beispiel:

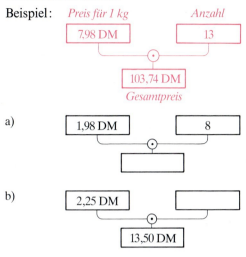

a)

b)

17. Im Schlußverkauf werden die Preise herabgesetzt.

a) Wieviel DM kann man beim Kauf einer Hose und eines Rockes sparen?
b) Mutter kauft eine Cordhose zu 39,90 DM, einen Rock zu 49,90 DM und einen Rock zu 19,90 DM. Wieviel DM hat sie dabei gespart?
c) Kann man für 60 DM eine Hose und einen Rock kaufen? Bleibt Geld übrig?
d) Kann man für 100 DM eine Hose und zwei Röcke kaufen? Bleibt Geld übrig?

18. „Pfennig-Parade":

Gib alle Preise in DM an.
a) Gib den Preisunterschied zwischen dem teuersten und dem billigsten Artikel an.
b) Welche Artikel kosten weniger als 10 DM?
c) Für welche der Artikel sind zu bezahlen:
10 DM bis 20 DM
20 DM bis 30 DM
mehr als 30 DM?
d) Frau Zimtstange kauft ein Regal, ein Flaschenregal, ein Kleinfachregal, den teureren Weidenkorb, vier Weingläser, zwölf Saftgläser. Wieviel DM hat sie zu bezahlen?
e) Für drei Artikel zahlt Herr Wiedemann 81,50 DM. Welche Artikel hat er gekauft?
f) Für zwölf Gläser zahlt Frau Hermes 30,30 DM. Welche Gläser hat sie gekauft?
g) Bilde selbst fünf weitere Aufgaben.

Wir verbinden verschiedene Rechenarten

Peter und Inge sind ratlos. Beide haben dieselbe Aufgabe gerechnet und verschiedene Ergebnisse erhalten. Wer von beiden hat richtig gerechnet?

Die Aufgabe 5 + 7 · 2 hat jeder anders gerechnet.

So hat Peter gerechnet:

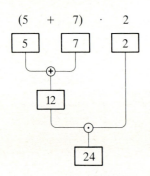

So hat Inge gerechnet:

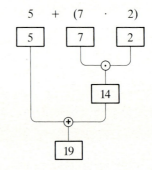

Das sind zwei ganz verschiedene Aufgaben.

Damit wir wissen, wie gerechnet werden soll, muß das, was zuerst ausgerechnet werden soll, in Klammern gesetzt werden.

Um nicht ständig Klammern schreiben zu müssen, gilt die Festsetzung:

Punktrechnen geht vor Strichrechnen.

Punktrechnungen sind Multiplikationen (·) und Divisionen (:).

Strichrechnungen sind Additionen (+) und Subtraktionen (−).

Nach dieser Regel hat Inge gerechnet: Stehen in einer Aufgabe keine Klammern, so muß zuerst multipliziert und dann addiert werden.

So ist es richtig:
$$5 + 7 \cdot 2$$
$$= 5 + 14$$
$$= 19$$

Soll so gerechnet werden, wie Peter gerechnet hat, dann müssen Klammern gesetzt werden. Klammern sind immer zuerst auszurechnen.

So ist es richtig:
$$(5 + 7) \cdot 2$$
$$= 12 \cdot 2$$
$$= 24$$

Die Verbindung der Rechenarten

Beispiele Punkt- vor Strichrechnungen.

1. $3 \cdot 2 + 5$
    $= 6 + 5$
    $= \underline{\underline{11}}$

2. $3 + 2 \cdot 5$
    $= 3 + 10$
    $= \underline{\underline{13}}$

3. $12 - 10 : 5$
    $= 12 - 2$
    $= \underline{\underline{10}}$

4. $12 : 2 - 2$
    $= 6 - 2$
    $= \underline{\underline{4}}$

Beispiele Klammern zuerst ausrechnen.

1. $3 \cdot (2 + 5)$
    $= 3 \cdot 7$
    $= \underline{\underline{21}}$

2. $(3 + 2) \cdot 5$
    $= 5 \cdot 5$
    $= \underline{\underline{25}}$

3. $(12 - 2) : 5$
    $= 10 : 5$
    $= \underline{\underline{2}}$

4. $12 : (10 - 8)$
    $= 12 : 2$
    $= \underline{\underline{6}}$

Übungen

1. Berechne.
a) $8 \cdot 4 + 5$
b) $8 \cdot (4 + 5)$
c) $(8 + 4) \cdot 5$
d) $8 + 4 \cdot 5$
e) $10 - 6 : 3$
f) $(10 - 4) : 2$
g) $10 : 2 - 4$
h) $10 - (4 : 2)$
i) $(5 + 3) \cdot (7 - 4)$
j) $5 + 3 \cdot 7 - 4$
k) $(5 + 3) \cdot 7 - 4$
l) $5 + 3 \cdot (7 - 4)$
m) $16 : (8 : 4)$
n) $(16 - 8) - 4$

2. Berechne.
a) $127 + 3 \cdot 7$
b) $(421 + 20) \cdot 2$
c) $(731 - 31) - (10 - 8)$
d) $258 + 13 \cdot 4$
e) $(46 - 6) \cdot 7$
f) $(224 + 16) - (105 + 30)$
g) $270 + 11 \cdot 5$
h) $(43 + 209) \cdot 2$
i) $(823 - 13) \cdot (215 - 214)$
Ergebnisse: 810, 280, 148, 698, 325, 310, 105, 882, 504

3. Berechne. Wo kannst du Klammern weglassen?
a) $(2 \cdot 3) + 11$
b) $(2 + 7) \cdot 9$
c) $12 + (9 \cdot 2)$
d) $(7 \cdot 6) + 13$
e) $13 + (5 \cdot 6)$
f) $(7 + 17) : 3$
g) $32 - (18 : 2)$
h) $(9 : 3) - 2$
i) $(12 \cdot 9) + (3 \cdot 5)$
j) $(160 : 4) + (3 \cdot 17)$

4. Wie mußt du bei folgenden Aufgaben die Klammern setzen, so daß sich die Zahl im Kästchen ergibt?
a) $9 + 6 \cdot 4$ $\boxed{60}$
b) $9 + 6 \cdot 4$ $\boxed{33}$
c) $20 - 3 - 2$ $\boxed{19}$
d) $2 + 3 \cdot 3 + 3$ $\boxed{30}$
e) $4 + 4 \cdot 4$ $\boxed{32}$
f) $4 \cdot 4 + 4$ $\boxed{20}$

5. Übertrage die Rechenbäume in dein Heft und fülle sie aus. Schreibe dazu die Rechenaufgaben. Setze Klammern, wo es notwendig ist. Denke dir Rechengeschichten aus.

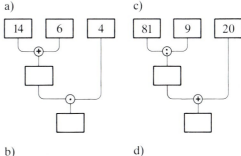

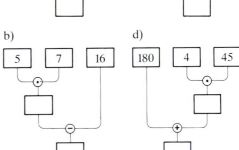

6. Zeichne zu den Aufgaben Rechenbäume und berechne.
a) $(6-2) \cdot 3$
b) $3 \cdot (6-2)$
c) $(6+2) : 4$
d) $3 + 4 \cdot 5 + 6$
e) $(145 - 58) \cdot 5$
f) $175 - 18 \cdot 8$
g) $225 : 9 - 4$
h) $3 \cdot 4 + 5 \cdot 6$

7. Berechne.
a) $7 \cdot 4 + 2 \cdot (3-1)$
b) $5 \cdot (12-3) + (2+4) \cdot 9$
c) $3 + 4 \cdot (5 + 2 \cdot 3)$
d) $6 \cdot 8 - 5 \cdot (6-3)$
e) $3 \cdot (8+1) - 7 \cdot (30-27)$
f) $6 \cdot 4 - 5 \cdot (10 - 5 \cdot 2)$
g) $5 \cdot 9 + (8-7) \cdot 24$
h) $2 \cdot 3 + 18 - 3 \cdot 5$
i) $5 \cdot (4-2) - 8 + 2 \cdot 13$
Ergebnisse: 9, 28, 6, 24, 33, 32, 47, 99, 69

8. Frank kauft ein: fünf Schulhefte zu je 70 Pf, drei Bleistifte zu je 90 Pf und einen Radiergummi zu 80 Pf. Zeichne einen Rechenbaum und schreibe dazu die Rechenaufgabe. Wieviel muß Frank zahlen?

9. Übertrage die Rechenbäume in dein Heft und vervollständige sie. Denke dir dazu Sachaufgaben aus.

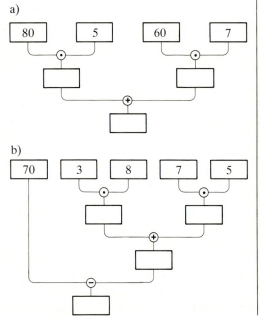

10. Sabines Schulweg ist 2 km lang, Dieters Schulweg 3 km und Elkes Schulweg 4 km. Sie haben an fünf Tagen in der Woche Unterricht. Wieviel Kilometer fahren die drei Schüler in einer Woche? Zeichne einen Rechenbaum.

11. Rolf trainiert für einen Volkslauf. Zu Beginn des Trainings läuft er sechsmal die 400-m-Bahn. Am Ende des Trainings läuft er noch zweimal die 400-m-Bahn. Berechne die gesamte Laufstrecke auf zwei Wegen. Zeichne einen Rechenbaum.

12. Ein Bäcker verkauft Brezeln zum Preis von 50 Pf: 5 Stück, 3 Stück, 4 Stück, 7 Stück, 12 Stück, 8 Stück, 11 Stück.
Gabi rechnet so:
$5 \cdot 50 = 250$, $3 \cdot 50 = 150$, $4 \cdot 50 = \ldots$, $\ldots$
Dann addiert sie die einzelnen Ergebnisse. Der Bäcker hat 2500 Pf, also 25 DM, eingenommen. Kannst du das schneller und einfacher ausrechnen?

13. Zeichne Rechenbäume und berechne, wieviel DM gezahlt werden müssen.
a) Petra kauft eine Orange und sechs Äpfel.
b) Susanne kauft sieben Bananen und drei Äpfel.
c) Jürgen kauft zwei Äpfel, drei Bananen und fünf Orangen.

9. Tabellen, Mittelwerte, Diagramme

Wir zeichnen Strichlisten und Tabellen

Michaela wirft eine Münze und zeichnet eine **Strichliste**. Wenn die Zahl oben liegt, zeichnet sie einen Strich in das Kästchen für das Ergebnis „Zahl". Wenn das Wappen oben liegt, zeichnet sie einen Strich für „Wappen".
Das hat Michaela gezeichnet:

Damit sie die Striche schneller abzählen kann, hat sie Fünferpäckchen gemacht. Man kann sehen, daß 21mal „Wappen" geworfen wurde und 18mal „Zahl".
Michaela hat die Münze insgesamt 39mal geworfen (21 + 18 = 39).

Beispiel

Herr Schröder fährt täglich mit der Eisenbahn zur Arbeit. Einen Monat lang notiert er die Verspätungen, mit denen der Zug morgens ankommt. Er stellt folgende Strichliste auf.

Verspätung	0 min	0…2 min	2…5 min	5…10 min	mehr als 10 min
Häufigkeit	⊪⊪ II / 7	⊪⊪ III / 8	IIII / 4	II / 2	I / 1

Herr Schröder hat in diesem Monat die Verspätungen an 22 Tagen notiert.

Übungen

1. a) Wirf einen Würfel 20mal hintereinander. Notiere in einer Strichliste die Ergebnisse. Gib die Häufigkeiten an.
b) Wirf einen Würfel so lange, bis du fünfmal die „Sechs" gewürfelt hast. Notiere deine Ergebnisse in einer Strichliste. Gib die Häufigkeiten an.

2. Beobachte den Straßenverkehr an einer Ampel. Notiere für 50 Pkw die Endziffer der Autonummer. Gib die Häufigkeit für jede Endziffer an.

3. a) Wirf eine Münze. Notiere in einer Strichliste, wie oft die Zahl und wie oft das Wappen (Rückseite) oben liegt, wenn du 50 Würfe ausführst.
b) Verfahre ebenso wie in a). Führe insgesamt 100 Würfe aus. Vergleiche die Ergebnisse und die Häufigkeiten.

4. Wirf zwei Würfel gleichzeitig und berechne die Augensummen. Bestimme die Häufigkeiten der Ergebnisse bei 20 Würfen. Wie oft ist die Augensumme
a) kleiner als 7,   c) größer als 10,
b) ungleich 12,   d) eine gerade Zahl?

Wir berechnen Mittelwerte

Martina hat eine eine Woche lang, immer zur gleichen Tageszeit, an einem Außenthermometer die Lufttemperatur abgelesen. Diese Temperaturwerte hat sie in einer Tabelle notiert:

Tag	Mo.	Di.	Mi.	Do.	Fr.	Sa.	So.
Temperatur (in °C)	17	20	18	16	14	15	19

Martina berechnet die *mittlere* Temperatur dieser Woche. Dazu addiert sie alle gemessenen Werte und dividiert die Summe durch die Anzahl der Messungen.

$$17 + 20 + 18 + 16 + 14 + 15 + 19 = 119$$
$$119 : 7 = 17$$

Die mittlere Temperatur betrug 17 °C.

Die mittlere Temperatur wird auch *Durchschnittstemperatur* genannt.

Die Temperaturen der einzelnen Wochentage weichen unterschiedlich viel vom Mittelwert ab. Am Dienstag und Freitag beträgt die Abweichung 3 Grad, am Montag beträgt sie 0 Grad.

So berechnen wir Mittelwerte:

1. Alle Zahlenwerte werden addiert.
2. Die Summe wird durch die Anzahl der Werte dividiert.

$$\text{Mittelwert} = \frac{\text{Summe aller Werte}}{\text{Anzahl der Werte}}$$

Beispiel

Herr Weigel ist Handelsvertreter und notiert seine täglichen Fahrtstrecken.

Tag	Mo.	Di.	Mi.	Do.	Fr.
Fahrtstrecke (in km)	212	75	94	86	178

a) Berechne die Fahrtstrecke, die er durchschnittlich pro Tag in einer Woche zurückgelegt hat.

Lösung:

$$212 + 75 + 94 + 86 + 178 = 645$$
$$645 : 5 = 129$$

Er fährt im Mittel 129 km am Tag.

b) Gib die Abweichungen vom Mittelwert für die einzelnen Tage an.

Lösung:

Die Abweichung vom Mittelwert beträgt:

Montag   (212 − 129) km = 83 km (mehr)
Dienstag (129 − 75) km = 54 km (weniger)
Mittwoch (129 − 94) km = 35 km (weniger)
Donnerstag (129 − 86) km = 43 km (weniger)
Freitag   (175 − 129) km = 46 km (mehr)

Übungen

1. Die Körpergrößen von Schülern einer Klasse 5 wurden in einer Strichliste notiert.

Körpergröße in cm	Häufigkeit
150	I
151	II
153	I
154	II
155	II
156	III
157	IIII
158	IIII
160	III
161	II
162	III
164	II
165	II
166	II
167	I
170	I

Bestimme die Häufigkeiten für:
a) Schüler, die größer als 160 cm sind.
b) Schüler, die 164 cm groß sind.
c) Schüler, die größer als 150 cm, aber kleiner als 170 cm sind.
d) Schüler, die kleiner als 165 cm sind.
e) Schüler, die größer als 165 cm sind.
f) Berechne den Mittelwert.
g) Um wieviel weicht die Größe des kleinsten (größten) Schülers vom Mittelwert ab?
h) Liegt der Mittelwert genau in der Mitte zwischen den Werten für den kleinsten und größten Schüler?

2. Frau Stangl ist Taxifahrerin. In ihrem Fahrtenbuch schreibt sie die täglich gefahrenen Kilometer auf.
Montag: 198 km   Donnerstag: 182 km
Dienstag: 236 km   Freitag: 302 km
Mittwoch: 292 km   Samstag: 236 km
a) Berechne, wieviel Kilometer Frau Stangl im Durchschnitt täglich gefahren ist.
b) Bestimme die Abweichungen vom Mittelwert.

3. Arne wirft Pfeile auf eine Zielscheibe. Beate stellt eine Strichliste auf.

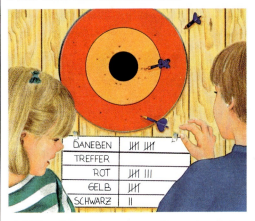

a) Wie oft hat Arne geworfen, wie oft hat er getroffen?
b) Wie oft hat er
– daneben geworfen,
– Rot getroffen,
– Schwarz getroffen,
– Gelb getroffen?

4. Ein Gärtner notiert die Längen von jeweils 20 Tulpen bei zwei verschiedenen Düngersorten.

Länge in cm	Dünger A	Dünger B
unter 35	I	I
35 bis unter 40	IIII	II
40 bis unter 45	IIII	IIII II
45 bis unter 50	IIII II	IIII III
50 bis unter 55	II	II
über 55	II	

a) Bestimme die Häufigkeiten der Tulpenlängen für beide Düngersorten:
Länge unter 40 cm, Länge 45 cm und mehr, Länge von 45 cm bis unter 55 cm
b) Die Tulpen sollen eine Länge von 40 cm bis höchstens 55 cm haben. Welchen Dünger wird der Gärtner in Zukunft nehmen?

5. Die gleiche Tafel Schokolade wird in vier verschiedenen Geschäften einer Kleinstadt zu folgenden Preisen angeboten:
0,98 DM; 1,10 DM; 1,05 DM; 0,95 DM.
Berechne den Mittelwert.

Wir zeichnen Blockdiagramme

Rechts siehst du den Notenspiegel der letzten Mathematikarbeit einer Klasse 5. Der Notenspiegel gibt an, wie oft jede Zensur vorkommt. Solche Aufstellungen heißen **Häufigkeitstabellen**. Wir kennen Häufigkeitstabellen schon als Strichlisten.

Wir geben jetzt den Notenspiegel in einem **Blockdiagramm** an. Häufigkeiten lassen sich in Blockdiagrammen besonders gut und überschaubar darstellen.

Wir können aus dem Blockdiagramm ablesen, daß die Noten 3 und 4 am meisten vergeben wurden. Besonders gute und besonders schlechte Noten sind dagegen seltener.

Häufigkeitstabellen und Blockdiagramme finden wir oft in Tageszeitungen, Erdkundebüchern, im Fernsehen usw.

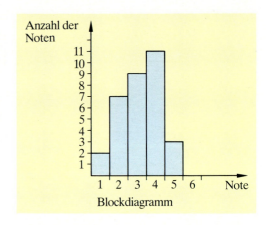

Klassenarbeit Nr. 6				Klasse 5	
Note	1	2	3	4	5	6
Anzahl	2	7	9	11	3	0

Beispiel

Das Blockdiagramm zeigt die Anzahl der *Geburten in der Bundesrepublik Deutschland* von 1964 bis 1987.

Tabellen, Mittelwerte, Diagramme

Übungen

1. Die Klassen 5a und 5b haben dieselbe Mathematikarbeit geschrieben.

Zensur	1	2	3	4	5	6
Klasse 5a Häufigkeit	II	IIII I	IIII IIII	IIII		I
Klasse 5b Häufigkeit	III	IIII	IIII IIII I	III	II	

a) Zeichne für jede Klasse eine Häufigkeitstabelle und ein Blockdiagramm.
b) Vergleiche die Zensuren beider Klassen miteinander, indem du Mittelwerte berechnest.

2. An einer Bundesstraße wurden in einer Viertelstunde folgende Fahrzeuge gezählt: 43 Pkw, 12 Lkw, 3 Omnibusse, 7 Motorräder, 4 sonstige Fahrzeuge.

a) Stelle eine Häufigkeitstabelle auf. Gib den Umfang der Verkehrszählung an.
b) Zeichne ein Blockdiagramm.

3. Suche in Zeitungen Blockdiagramme und Stabdiagramme, in denen Häufigkeiten dargestellt sind.

4. Bei einer Meinungsumfrage waren 560 der Befragten für Partei A, 640 für Partei B und 120 waren für Partei C. 280 der befragten Personen waren unentschieden. Ein Jahr später wurden dieselben Personen befragt. Jetzt waren 680 für Partei A, 650 für Partei B und 110 für Partei C. 160 der Befragten entschieden sich für keine der Parteien. Zeichne zwei Blockdiagramme. Vergleiche.

5. Hier ist für die Temperaturangaben aus der Erklärung von Seite 104 ein Blockschaubild gezeichnet, in dem auch der Mittelwert eingetragen ist.

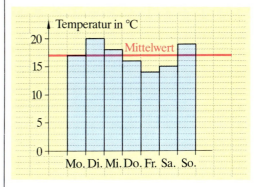

a) Vergleiche mit den Temperaturangaben auf Seite 104.
b) Nimm die Blockdiagramme aus Aufgabe 1 für die Zensuren der Klassen 5a und 5b. Zeichne die Mittelwerte ein.

6. Betrachte das Blockdiagramm über die Geburtenzahlen in der Bundesrepublik Deutschland auf der linken Seite.
a) In welchen Jahren hat die Anzahl der Geburten gegenüber dem Vorjahr zugenommen?
b) In welchem Jahr wurden die meisten Geburten gezählt? Wie viele Geburten waren es?
c) In welchen Jahren ging die Anzahl der Geburten gegenüber dem Vorjahr zurück?
d) Wann gab es die wenigsten Geburten?
e) Beschreibe die Entwicklung seit 1978.

7. In der deutschen Sprache kommen die einzelnen Buchstaben unterschiedlich oft vor.
a) Nimm eine Seite deines Lesebuches und zähle die Buchstaben e, n, i, r, s. Welcher Buchstabe kommt am häufigsten vor? Welcher Buchstabe folgt an zweiter, welcher an dritter Stelle? Stelle eine Häufigkeitstabelle auf und zeichne ein Blockdiagramm.
b) Überlege, welcher Buchstabe deiner Meinung nach am seltensten benutzt wird. Wie häufig kommt er auf der Lesebuchseite vor?

10. Zeiten und Zeitspannen

Wir messen Zeiten, wir rechnen mit Zeiten

Im täglichen Leben spielen *Zeitangaben* eine wichtige Rolle. Zum Beispiel dauert ein Tag 24 Stunden, eine Halbzeit beim Fußballspiel dauert 45 Minuten, Wolfgang schwimmt die 25-Meter-Strecke in 33 Sekunden. Die Dauer eines solchen Vorgangs nennen wir **Zeitspanne**. Große Zeitspannen messen wir in Wochen, Monaten oder Jahren. Kleine Zeitspannen messen wir in **Sekunden**, in **Minuten** oder in **Stunden**.

Wir schreiben abkürzend für Sekunde s, für Minute min, für Stunde h (von latein. hora = Stunde).

Zeitspannen wie 15 s, 3 min, 18 Tage, ... sind *Größen*. Bei der Größe 3 min ist die 3 die *Maßzahl*. Die Benennung min gibt an, in welcher *Maßeinheit* gemessen wurde.

Einen Tag können wir in Stunden, Minuten und Sekunden unterteilen

1 Tag	=	24 Stunden				
		1 Stunde	=	60 Minuten	=	3600 Sekunden
				1 Minute	=	60 Sekunden

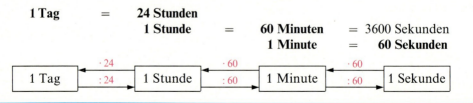

Eine Woche hat 7 Tage. Für einen Monat rechnet man meist 30 Tage. Manche Monate haben 31 Tage. Der Februar hat nur 28 Tage, im Schaltjahr 29 Tage. Ein Jahr hat 12 Monate und normalerweise 365 Tage. Ein Schaltjahr hat 366 Tage.

Zeiten und Zeitspannen

Gerd sagt: „Mein Schulunterricht beginnt heute um 8 Uhr und endet um halb eins."

An der Zeichnung sehen wir, daß Gerd $4\frac{1}{2}$ h in der Schule ist. Das ist die **Zeitspanne** zwischen den **Zeitpunkten** 8.00 Uhr und 12.30 Uhr.

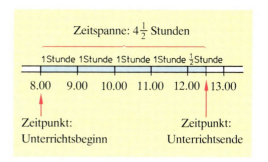

Ein **Zeitpunkt** wird durch eine Uhrzeit festgelegt.

Eine **Zeitspanne** ist die Dauer zwischen zwei Zeitpunkten.

Übungen

1. a) Präge dir die Zusammenhänge zwischen den Zeitangaben ein.

Umrechnungen für Sekunde (s), Minute (min), Stunde (h) und Tag
1 Tag = 24 h
1 h = 60 min
1 min = 60 s

b) Gib die Stunden in Minuten an:
1 h; 3 h; 2 h; 5 h; 12 h; 24 h
c) Gib die Minuten in Sekunden an:
1 min; 3 min; 10 min; 20 min; 60 min
d) Gib in Stunden an:
1 Tag, 2 Tage, 3 Tage, 5 Tage

2. Gelten die folgenden Aussagen immer?
a) Eine Woche hat 7 Tage.
b) Ein Monat hat 30 Tage.
c) Ein Jahr hat 12 Monate.
d) Ein Jahr hat 365 Tage.

3. a) Gib in Monaten (30 Tage) und Tagen an: 120 Tage, 145 Tage, 225 Tage
b) Gib in Jahren und Monaten an:
60 Monate, 54 Monate, 100 Monate

4. Gib wie in den Beispielen an.
Beispiele:
1. 175 min = 2 h 55 min
2. 50 h = 2 Tage 2 h

a) 80 s   e) 187 s
b) 80 min   f) 67 h
c) 80 h   g) 99 min
d) 130 min h) 200 h

5. Werner hat nachmittags von 14.00 Uhr bis 15.30 Uhr Hausaufgaben gemacht. Wieviel Zeit hat er benötigt?

6. Bärbels Mutter arbeitet von 7.30 Uhr bis 12.00 Uhr und von 13.00 Uhr bis 16.30 Uhr. Wie viele Stunden sind das?

7. In einem Jahr dauerten die Sommerferien vom 1.8. bis zum 16.9. (angegeben sind der erste und der letzte Ferientag). Wie viele Tage sind das insgesamt? Gib die Zeitspanne auch in Wochen und Tagen an. Nimm einen Kalender zu Hilfe.

8. Familie Morgenthaler ist von 8.15 Uhr bis 11.10 Uhr gewandert. Dann wurde eine Pause gemacht. Um 12.25 Uhr ging es weiter bis 14.55 Uhr und dann wieder von 15.15 Uhr bis 17.00 Uhr. Wie lange ist Familie Morgenthaler gelaufen?

9. a) Der Euro-City „Rembrandt" fährt um 11.36 Uhr in Düsseldorf ab und kommt 4 h 49 min später in Mannheim an. Gib den Zeitpunkt der Ankunft an.

b) Am nächsten Tag hat der „Rembrandt" bei seiner Ankunft 18 Minuten Verspätung. Gib den Zeitpunkt an.

10. Der E 3118 fährt von Hagen nach Köln. Der Zug fährt um 12.20 Uhr in Hagen ab. 27 min später kommt er in Wuppertal-Elberfeld an und hat dort 2 min Aufenthalt. Bis Wuppertal-Vohwinkel benötigt er 10 min; hier hat er 1 min Aufenthalt. In Solingen-Ohligs hält er 11 min später und hat wieder 2 min Aufenthalt. Von hier bis Köln Hbf benötigt er noch insgesamt 29 min. Bestimme die Abfahrts- und Ankunftszeiten des E 3118 in den angegebenen Orten.

11. Die Angestellten eines Betriebes haben *gleitende Arbeitszeit*, das heißt, sie können Beginn und Ende der täglichen Arbeitszeit selbst festlegen. Die wöchentliche Arbeitszeit muß dabei eingehalten werden. Ein Angestellter arbeitete bei täglich 30 Minuten Mittagspause
Montag von 7.15 Uhr bis 17.20 Uhr,
Dienstag von 8.05 Uhr bis 16.10 Uhr,
Mittwoch von 7.55 Uhr bis 16.35 Uhr,
Donnerstag von 7.02 Uhr bis 16.03 Uhr.
a) Wie lange mußte er noch am Freitag arbeiten, wenn die wöchentliche Arbeitszeit 38 Stunden beträgt?
b) Wann endete seine Arbeitszeit am Freitag (Arbeitsbeginn: 7.05 Uhr)?

12. Übertrage die folgende Tabelle in dein Heft und berechne die Zeitspanne zwischen Sonnenaufgang und Sonnenuntergang.

Datum	15.1.	16.4.	16.7.
Zeitpunkt des Sonnenaufgangs	8.21	5.26	4.23
Zeitpunkt des Sonnenuntergangs	16.42	19.19	20.32
Zeitspanne			

13. Bärbel fährt um 7.35 Uhr von zu Hause zur Schule. Der Unterricht beginnt 25 Minuten später. Bärbel hat fünf Unterrichtsstunden zu je 45 Minuten. Sie hat eine große Pause zu 30 Minuten, zwei kleine Pausen zu je fünf Minuten und eine Pause zu zehn Minuten. Für den Heimweg braucht Bärbel 15 Minuten.
a) Wann hat Bärbel Unterrichtsschluß?
b) Wann ist Bärbel wieder zu Hause?

14. Stephan stellt die Zeiger seiner Armbanduhr um 20.00 Uhr zu Beginn der Tagesschau. Seine Uhr geht täglich vier Minuten vor. Nach wieviel Tagen würde sie wieder den richtigen Zeitpunkt anzeigen.

15. Eine Uhr, die stehengeblieben ist, zeigt nie die richtige Uhrzeit an. Ist das richtig?

16. Auf einer Compact Disc ist die Länge der einzelnen Titel angegeben.
Seite 1: 4 min 15 s, 3 min 58 s, 2 min 54 s, 3 min 25 s, 2 min 59 s, 3 min 45 s, 4 min 20 s, 3 min 19 s, 4 min 33 s.
Seite 2: 3 min 35 s, 3 min 32 s, 2 min 51 s, 3 min 2 s, 4 min, 3 min 22 s, 4 min 6 s, 3 min 50 s, 5 min 47 s.
Wie lange dauert das Abspielen
a) der Seite 1,
b) der Seite 2,
c) beider Seiten zusammen?
d) Thomas will einzelne Stücke der CD mit einem Cassettenrecorder aufnehmen. Er hat auf einer Cassette noch 27 min und 53 s Spielzeit zur Verfügung. Welche Stücke der Seite 1 kann er noch aufnehmen? (Es sind mehrere Lösungen möglich.)

Zeiten und Zeitspannen

Wir wiederholen

I.

1. Rechne im Kopf.
a) 36 + 13   d) 21 − 15   g) 231 + 15
b) 36 − 13   e) 98 + 30   h) 231 − 15
c) 21 + 15   f) 98 − 30   i) 112 + 110

2. Schreibe folgende Aufgaben in Rechenbäume und berechne.
a) 25 + 45 + 40   c) 82 + 34 − 12
b) 80 − 52 + 36   d) 12 + 68 + 77

3. Schreibe stellenrichtig untereinander und addiere.
a) 240 + 70 + 930 + 9
b) 7 + 777 + 7777 + 77
c) 178 + 492 + 1939 + 167 + 39

4. Subtrahiere.
a) 7384 − 856 − 846 − 519
b) 21 538 − 6526 − 7457
c) 8136 − 938 − 266 − 579
d) 8972 − 2132 − 956 − 3976

5. Multipliziere.
a) 226 · 314   b) 123 · 456   c) 9438 · 267

6. Um wieviel Meter ist die Zugspitze (2963 m) höher als das Nebelhorn (2232 m), als die Alpspitze (2628 m), als der Wendelstein (1838 m), als der Watzmann (2713 m), als der Große Arber (1457 m) und als der Kahle Asten (841 m)?

II.

7. Rechne im Kopf.
a) 320 + 140 + 120   c) 390 − 130 − 140
b) 170 + 110 + 90   d) 490 − 150 − 320

8. Setze „<" oder „>" oder „=" ein.
a) 27 + 18 ☐ 31 + 14   d) 62 − 9 ☐ 70 − 17
b) 71 − 10 ☐ 80 − 21   e) 39 + 11 ☐ 5 · 10
c) 32 + 8 ☐ 6 · 6   f) 72 : 3 ☐ 45 − 20

9. Addiere schriftlich.
a) 2542 + 771 + 8882 + 67 297 + 70 196
b) 91 403 + 67 329 + 6006 + 17 807 + 39 161
c) 39 670 + 466 723 + 198 + 34 079 + 12 001

10. Dividiere schriftlich.
a) 11 637 : 27   b) 11 772 : 54

11. Bestimme die Platzhalter.
a) 9 · ☐ = 72   c) $x − 13 = 39$
b) 6 · z = 36   d) $y + 24 = 72$

12. Ein Kaufmann hat in seiner Kasse: 8 5-DM-Scheine, 39 10-DM-Scheine, 29 20-DM-Scheine, 12 50-DM-Scheine, 16 100-DM-Scheine, 1 500-DM-Schein. Wieviel DM sind das insgesamt?

III.

13. Rechne im Kopf.
a) 112 − 110   c) 173 − 56   e) 312 − 112
b) 173 + 56   d) 236 + 349 f) 390 − 120

14. Zeichne Rechenbäume und berechne.
a) 510 + 200 − 160   c) 300 + 430 + 760
b) 290 + 110 − 390   d) 930 − 360 − 570

15. Multipliziere im Kopf.
a) 80 · 70   d) 40 · 30   g) 49 · 10
b) 90 · 30   e) 50 · 90   h) 67 · 10
c) 50 · 40   f) 30 · 80   i) 98 · 10

16. Dividiere im Kopf.
a) 60 : 12   d) 99 : 11   g) 96 : 16
b) 75 : 25   e) 52 : 13   h) 42 : 14
c) 90 : 15   f) 90 : 18   i) 70 : 14

17. Subtrahiere schriftlich.
a) 29 449 − 13 067 − 7939 − 1667
b) 32 779 − 11 309 − 298 − 12 396

18. Rechne schriftlich.
a) 3895 · 502   d) 40 289 · 340
b) 22 212 : 180   e) 24 672 : 810
c) 130 820 : 1055   f) 10 194 · 125

19. Bestimme die Platzhalter.
a) 96 : ☐ = 8   c) 60 + ☐ = 196
b) 125 − ☐ = 67   d) ☐ − 98 = 180

20. a) Addiere zur Zahl 15 die Differenz der Zahlen 70 und 40.
b) Multipliziere 60 mit der Differenz aus 30 und 20.

IV.

21. a) Addiere die Zahlen von 50 bis einschließlich 70.
b) Addiere dieselben Zahlen, nachdem du sie auf volle Zehner gerundet hast. Vergleiche die Ergebnisse.

22. Berechne.
a) $1 \cdot 2$
b) $1 \cdot 2 \cdot 3$
c) $1 \cdot 2 \cdot 3 \cdot 4$
d) $1 \cdot 2 \cdot 3 \cdot 4 \cdot 5$
e) $1 \cdot 2 \cdot 3 \cdot 4 \cdot 5 \cdot 6$
f) $1 \cdot 2 \cdot 3 \cdot 4 \cdot 5 \cdot 6 \cdot 7$
g) $1 \cdot 2 \cdot 3 \cdot 4 \cdot 5 \cdot 6 \cdot 7 \cdot 8$
h) $1 \cdot 2 \cdot 3 \cdot 4 \cdot 5 \cdot 6 \cdot 7 \cdot 8 \cdot 9$
i) $1 \cdot 2 \cdot 3 \cdot 4 \cdot 5 \cdot 6 \cdot 7 \cdot 8 \cdot 9 \cdot 10$

23. So viele Möglichkeiten, 6 Zahlen zusammenstellen, gibt es im Zahlenlotto.
$(44 \cdot 45 \cdot 46 \cdot 47 \cdot 48 \cdot 49) : 720$
Sind das mehr als 1 Million Möglichkeiten?

24. Rechne schriftlich.
a) $(7321 - 2631) \cdot 24$
b) $(318 + 62421) \cdot 19$
c) $38 \cdot (5414 - 4890)$
d) $63 \cdot (5444 + 4660)$
e) $21 \cdot (1003 - 208 - 138)$

25. Rechne schriftlich.
a) $37 \cdot 124 - 28 \cdot 112$
b) $531 \cdot 13 + 420 \cdot 13$
c) $46 \cdot 17 + 43 \cdot 12 + 51 \cdot 9$
d) $360 \cdot 24 - 180 \cdot 48$
e) $26 \cdot 53 - 26 \cdot 31 + 26 \cdot 40$

26. Rechne schriftlich.
a) $432 : 18 - 527 : 31$
b) $1414 : 14 + 690 : 6$
c) $465 : 93 + 576 : 12$
d) $529 : 23 - 361 : 19$

27. Es bleibt ein Rest.
a) $231 : 17$ e) $652 : 34$ i) $3185 : 12$
b) $243 : 21$ f) $762 : 46$ j) $3952 : 51$
c) $384 : 31$ g) $772 : 92$ k) $4321 : 41$
d) $482 : 31$ h) $862 : 61$ l) $5348 : 42$

28. Kontrolliere den linken Kassenzettel. Wie muß die unleserliche Zahl im rechten heißen?

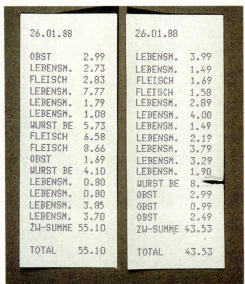

29. Heinz betrachtet Preise für seine Wanderausrüstung:
Fahrrad   228,— DM
Zelt   134,— DM
Rucksack   65,— DM
Wanderschuhe   94,— DM
Badehose   21,— DM
Er hat 300,— DM zur Verfügung.
Schreibe Vorschläge auf, was er sich kaufen könnte.
Kann er sich ein Fahrrad und ein Zelt gleichzeitig kaufen?

30. Uwe hat Rechenfehler gemacht. Welche?
a) $17 \cdot 13 - 25 \cdot 4 = 784$
b) $31 \cdot (81 - 105) = 2406$
c) $6 \cdot 7 + 3 \cdot 8 - 3 \cdot 2 = 714$
Was muß bei richtigem Rechnen herauskommen?

31. Kommt dasselbe heraus bei
$(7 \cdot 15) : 5$ und bei $7 \cdot (15 : 5)$?
Kommt dasselbe heraus bei
$(48 : 12) \cdot 2$ und bei $48 : (12 \cdot 2)$?
Kommt dasselbe heraus bei
$(200 - 160) - 30$ und bei $200 - (160 - 30)$?

Geometrische Größen

Klaus, Helga und Inge wollen ihre Beete im Schulgarten mit Kaninchendraht einzäunen. Klaus schätzt, daß sie dafür 40 m Drahtzaun brauchen. Helga will es genau wissen. Sie mißt jede Seite des Gartenstückes nach. Inge addiert alle vier Seitenlängen zusammen.

Die Rechnung zeigt, daß 42 m Drahtzaun benötigt werden. Klaus hat sich um 2 m verschätzt. Das ist eine gute Schätzung, der Fehler ist im Verhältnis zur richtigen Länge nicht sehr groß. Wir kontrollieren Schätzungen durch Nachmessen und Nachrechnen.

11. Umfang, Flächeninhalt, Rauminhalt

Wir berechnen Umfänge von Quadrat und Rechteck

Herr Riedlinger zäunt seinen Garten ein. Wieviel Meter Maschendraht benötigt er dazu?

Bei dieser Aufgabe müssen wir den **Umfang** des Gartens berechnen.

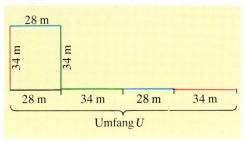

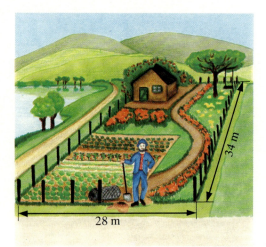

$U = 28\,\text{m} + 34\,\text{m} + 28\,\text{m} + 34\,\text{m} = \underline{124\,\text{m}}$

> Die Gesamtlänge aller Seiten einer Fläche heißt **Umfang**.

So rechnen wir vorteilhaft:

1. Weg:
$U = 28\,\text{m} + 34\,\text{m} + 28\,\text{m} + 34\,\text{m}$
$U = 2 \cdot 28\,\text{m} + 2 \cdot 34\,\text{m}$
$ = 56\,\text{m} + 68\,\text{m} = \underline{124\,\text{m}}$

2. Weg:
$U = 28\,\text{m} + 34\,\text{m} + 28\,\text{m} + 34\,\text{m}$
$U = 2 \cdot (28\,\text{m} + 34\,\text{m})$
$ = 2 \cdot 62\,\text{m} = \underline{124\,\text{m}}$

Beispiele

1. Ein Rechteck ist 39 mm lang und 16 mm breit.

Gegeben:
Länge $l = 39$ mm,
Breite $b = 16$ mm

Gesucht:
Umfang U

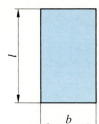

Rechnung:
$U = 39\,\text{mm} + 16\,\text{mm} + 39\,\text{mm} + 16\,\text{mm}$
$U = 2 \cdot (39\,\text{mm} + 16\,\text{mm}) =$
$ = 2 \cdot 55\,\text{mm} = 110\,\text{mm}$
$\phantom{U = 2 \cdot 55\,\text{mm}} = \underline{\underline{11\,\text{cm}}}$

Antwort:
Der Umfang des Rechtecks beträgt 11 cm.

2. Die Seitenlänge eines Quadrats beträgt 16 mm.

Gegeben:
Länge $l = 16$ mm

Gesucht:
Umfang U

Rechnung:
$U = 16\,\text{mm} + 16\,\text{mm} + 16\,\text{mm} + 16\,\text{mm}$
$U = 4 \cdot 16\,\text{mm}$
$ = 64\,\text{mm}$
$ = \underline{\underline{6{,}4\,\text{cm}}}$

Antwort:
Der Umfang des Quadrats beträgt 6,4 cm.

Umfang, Flächeninhalt, Rauminhalt

Übungen

1. Miß den Umfang
a) der Tischplatte deines Schultisches,
b) einer Postkarte,
c) einer Fußbodenfliese,
d) des Schulhofs (Gruppenarbeit).

2. Zeichne die Rechtecke und trage die Strecken wie im Beispiel nebeneinander an. Kennzeichne gleich lange Strecken mit derselben Farbe. Wie groß ist der Umfang?
Beispiel:

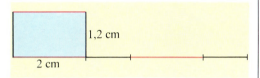

$U = 2 \cdot 2\,\text{cm} + 2 \cdot 1{,}2\,\text{cm}$
$ = 4\,\text{cm} + 2{,}4\,\text{cm} = \underline{6{,}4\,\text{cm}}$

a) Länge 4 cm; Breite 2,5 cm
b) Länge 3,5 cm; Breite 4,2 cm
c) Länge 3,8 cm; Breite 3,8 cm

3. Zeichne Rechtecke und berechne ihren Umfang.
a) Länge 5 cm; Breite 2 cm
b) Länge 37 mm; Breite 46 mm
c) Länge 5,3 cm; Breite 3,9 cm
d) Länge 1,3 dm; Breite 0,8 dm

4. Zeichne Quadrate und berechne ihren Umfang.
a) Seitenlänge 0,33 dm
b) Seitenlänge 49 mm
c) Seitenlänge 2,1 cm
d) Seitenlänge 5,5 cm

5. Welche Rechtecke haben denselben Umfang? Zeichne die Rechtecke.
a) Länge 2,5 cm; Breite 6 cm
b) Länge 1,2 cm; Breite 7,3 cm
c) Länge 3,9 cm; Breite 4,6 cm
d) Länge 5 cm; Breite 3,5 cm

6. Förster Bichel muß eine neu angelegte Fichtenschonung von 95 m Breite und 140 m Länge durch Umzäunung schützen. Wie lang wird der Zaun?

7. Rund um eine rechteckige Rasenfläche (32 m breit, 78 m lang) verläuft eine Rasenkante aus Plastik. Gib die Länge der Rasenkante an.

8. Eine Pferdekoppel von 74 m Breite und 127 m Länge wird mit Holzstangen neu eingezäunt. Wieviel Meter Holzstangen sind notwendig, wenn die Umzäunung so angelegt ist, daß die gesamte Pferdekoppel zweimal mit Holzstangen eingezäunt wird?

9. Bauer Winter baut einen umzäunten Hühnerauslauf, der 4,5 m lang und 3,6 m breit ist. Zeichne den Hühnerauslauf verkleinert. Wähle einen geeigneten Maßstab.
a) Wieviel Meter Maschendraht muß Bauer Winter kaufen, wenn er den Hühnerauslauf freistehend im Garten baut?
b) Wieviel Meter Maschendraht muß er kaufen, wenn die längere Seite des Hühnerauslaufs an eine Stallwand grenzt?

10. Ein Zimmer soll Fußleisten erhalten. Das Zimmer ist 4,80 m lang und 3,90 m breit. Die beiden Türen des Zimmers sind zusammen 2,12 m breit. Wieviel Meter Fußleisten werden benötigt?

11. Ein Rechteck von 7,5 cm Länge und 5 cm Breite hat einen Umfang von 25 cm. Zeichne mehrere andere Rechtecke, die einen Umfang von 25 cm haben. Trage in eine Tabelle ein.

Umfang	Länge	Breite
25 cm	7,5 cm	5 cm

12. a) Welche unterschiedlichen Rechtecke kannst du aus 16 cm Draht biegen? Die Seitenlängen sollen ganze Zentimeter sein. Es gibt vier Möglichkeiten. Zeichne.
b) Wie viele Möglichkeiten gibt es bei 12 cm (bei 20 cm) Umfang? Zeichne.
c) Warum gibt es kein solches Rechteck mit 11 cm Umfang?

Wir wiederholen

1. Welche Gesamtlänge haben die Kantensteine dieser Grundstücke?

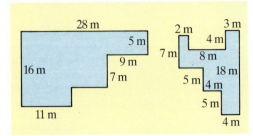

2. Zeichne eine Gerade und trage vom Punkt *A* an nacheinander ab: 2,4 cm; 1,2 cm; 3,4 cm und 17 mm. Miß die Gesamtlänge und vergleiche mit deiner Rechnung.

3. Im Gartencenter werden Kantensteine mit folgenden Längen angeboten: 1,20 m; 1,00 m, 0,80 m. Eine Wegekante könnte mit 12 Steinen der längsten Sorte gesetzt werden. Wie viele Steine der anderen Sorten würden gebraucht?

4. Ein Schulflur ist 32,50 m lang und 3,25 m breit. Vergleiche die Breite mit der Länge.

5. Schreibe alle Längen in der kleinsten vorkommenden Einheit. Bilde die Summe
a) 4 m 7 cm; 13 m 8 dm; 44 m 7 cm; 15 m; 42 dm 13 cm
b) 16 m 3 dm 5 cm; 5 m 56 cm; 1 m 99 cm; 8 m 4 dm 2 cm

6. Schreibe in der gleichen Längeneinheit untereinander und bilde die Summe.
a) 78 mm; 2,14 m; 24 cm 4 mm
b) 8 m 20 dm; 12 m 14 cm; 53 cm
c) 4 cm 5 mm; 7 m 50 cm
d) 1 m 8 mm; 14 cm; 1 m 2 cm

7. Der Mont Everest ist 8848 m, der Montblanc ist 4807 m, die Zugspitze ist 2963 m und der Kahle Asten ist 841 m hoch. Vergleiche die Höhenangaben miteinander.

8. Zeichne eine Strecke mit der Länge
a) 2 · 2,7 cm   c) 6 · 2,3 cm
b) 6 · 14 cm   d) 9 · 0,5 cm
Miß und vergleiche mit deiner Rechnung.

9. Ein Zimmer wird mit Fußbodendielen ausgelegt. Es ist 4,20 m lang und 3,30 m breit. Die 15 cm breiten Dielen werden in den Längen 4,50 m und 3,50 m angeboten. Wie viele Dielen wird der Zimmermann bei diesen zwei Längen jeweils verbrauchen?

10. Übertrage in dein Heft und ergänze.

km-Stand bei Abfahrt	14273	18974	
km-Stand bei Ankunft	15007		92978
gefahrene km		785	1039

11. Das Paket soll wie in der Zeichnung verschnürt werden.

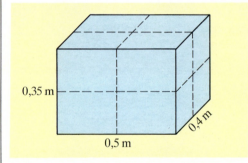

a) Wie lang muß das Band mindestens sein?
b) Wie lang ist der Rest von einer 7-m-Rolle, wenn für die Knoten 40 cm gebraucht werden?

12. a) Wie viele Autos (7 m) stehen höchstens in einem zweispurigen Stau von 4 km?
b) Wie lang stauen sich 3500 Autos mindestens auf, wenn eine kurzzeitige Vollsperrung nötig ist?

13. Die Kanten einer Arbeitsplatte (Länge 1,80 m; Breite 60 cm) werden mit einem Umleimer versehen. Wieviel Meter werden gebraucht?

14. Berechne den Umfang eines DIN A 4-Blattes.

Wir messen Flächeninhalte von Quadrat und Rechteck

Bauer Obermann hat zwei Äcker. Der erste Acker ist 200 m lang und 100 m breit. Der zweite Acker ist 240 m lang, aber nur 80 m breit. Auf dem größeren Acker will der Bauer Weizen anbauen. Welcher Acker ist der größere?

Brigitte hat eine Idee, wie sie das Problem lösen kann.

Brigitte hat die beiden Äcker in demselben Maßstab verkleinert auf ein Blatt Papier gezeichnet und ausgeschnitten.
Beschreibe, wie Brigitte weiter vorgegangen ist. Welcher Acker ist größer?

Findest du noch andere Möglichkeiten, Flächen miteinander zu vergleichen?

Lege, wie in der Abbildung, verschiedene Flächen mit selbstgewählten Gegenständen aus. Vergleiche so die Größe von Flächen.

Wenn ein Bauer gefragt wird, wie groß sein Acker ist, kann er den Acker nicht zerschneiden und die ausgeschnittenen Stücke anders zusammenlegen. Er muß den **Flächeninhalt messen**. Das heißt, er muß seine Ackerfläche mit einer Maßfläche vergleichen.

Als Maßflächen verwendet man normalerweise die folgenden Einheitsquadrate mit einem festgelegten Flächeninhalt. Mit diesen Einheitsquadraten versucht man, die Fläche auszulegen.

Einheitsquadrat	Seitenlänge	Flächeninhalt
Millimeterquadrat	1 mm	1 Quadratmillimeter (1 mm^2)
Zentimeterquadrat	1 cm	1 Quadratzentimeter (1 cm^2)
Dezimeterquadrat	1 dm	1 Quadratdezimeter (1 dm^2)
Meterquadrat	1 m	1 Quadratmeter (1 m^2)

Hier sind ein Dezimeterquadrat, ein Zentimeterquadrat und ein Millimeterquadrat gezeichnet.

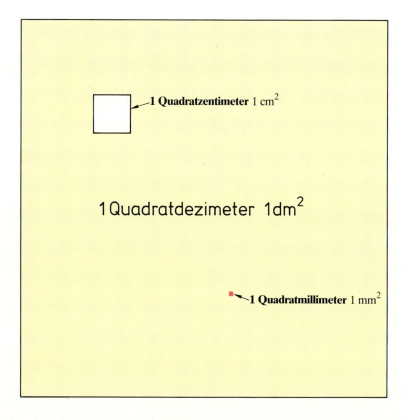

1 Quadratmeter (1 m^2) ist so groß wie die Klappflächen der meisten Wandtafeln.

Umfang, Flächeninhalt, Rauminhalt

Übungen

1. Schätze. Welchen Flächeninhalt hat eine Postkarte, ein großes Badetuch, das kleine „o" auf der Schreibmaschine, eine 1-Pf-Münze?

2. Wie viele Millimeter- bzw. Zentimeterquadrate enthalten die einzelnen Flächen?

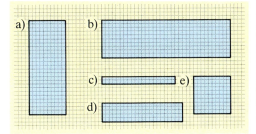

3. Welche Fläche ist größer, A oder B?

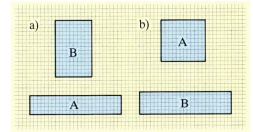

4. Zeichne Rechtecke mit Seiten von
a) 6 cm und 8 cm
b) 4 cm und 10 cm.
Lege die Rechtecke auf unterschiedliche Weise mit Dominosteinen aus und vergleiche sie der Größe nach. (Wenn du keine Dominosteine hast, so schneide 4 cm lange und 2 cm breite Rechtecke aus.)

5. Halbiere ein Schreibmaschinenblatt zweimal längs und zweimal quer. In wie viele Rechtecke ist das Blatt zerlegt worden? Mit wie vielen dieser Rechtecke kannst du eine Postkarte auslegen?

6. Zeichne ein Zentimeterquadrat und ein Dezimeterquadrat auf ein Blatt Papier und schneide die Quadrate aus. Kannst du auch ein Millimeterquadrat ausschneiden?

7. Schneide zwölf Zentimeterquadrate aus. Lege alle zwölf Quadrate auf verschiedene Arten zu einer Figur zusammen. Welchen Flächeninhalt hat jede der so entstandenen Figuren?

8. Zeichne Rechtecke mit den gegebenen Maßen und unterteile sie in Zentimeterquadrate.
a) Länge 4 cm, Breite 3 cm
b) Länge 5 cm, Breite 2 cm
c) Länge 7 cm, Breite 6 cm
Wie viele Zentimeterquadrate entstehen?

9. Schneide Quadrate mit der Seitenlänge 1 cm aus und versuche, mit ihnen diese Fläche auszulegen. Wie groß ist die Fläche?

10. Zeichne auf Rechenkästchenpapier verschiedene Flächen, die 29 Rechenkästchen enthalten. Sind alle Flächen gleich groß?

Für große Flächen gibt es diese Maßeinheiten.

Quadrat mit der Seitenlänge	Flächeninhalt
10 m	1 Ar (1 a)
100 m	1 Hektar (1 ha)
1000 m = 1 km	1 Quadratkilometer (1 km²)

11. Ist ein Fußballstadion 1 Ar, 1 Hektar oder 1 Quadratkilometer groß?

12. Zeichne auf den Schulhof ein Quadrat mit dem Flächeninhalt 1 Ar.

13. Eine quadratische Fläche, die 1 Ar groß ist, soll eingezäunt werden. Wieviel Meter Zaun braucht man dazu?

Wir geben Flächeninhalte in verschiedenen Maßeinheiten an

Michael will feststellen, wie viele Zentimeterquadrate ein Dezimeterquadrat enthält. Er zeichnet ein Dezimeterquadrat und unterteilt es in Zentimeterquadrate.

Michael beginnt zu zählen. Doch bald hat er eine Idee. Er überlegt: „In eine Reihe des Dezimeterquadrates passen genau zehn Zentimeterquadrate. Das ganze Dezimeterquadrat besteht aus zehn Reihen. Es gilt $10 \cdot 10 = 100$, also gilt auch $1\,dm^2 =$ **100** cm^2."

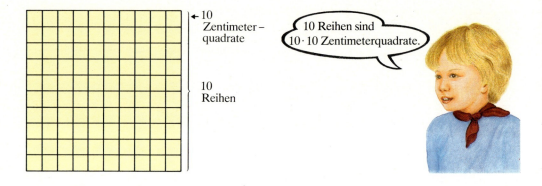

Michael überlegt weiter, daß $1\,m^2 = 100\,dm^2$ und $1\,cm^2 = 100\,mm^2$ ist. Bei Flächeninhalten tritt immer die **Umwandlungszahl 100** auf.

Umwandlungszahl für Flächeninhalte:

$$1\,m^2 = 100\,dm^2$$
$$1\,dm^2 = 100\,cm^2 = 10\,000\,mm^2$$
$$1\,cm^2 = 100\,mm^2$$

100    $1\,m^2$ ⇄ $1\,dm^2$ ⇄ $1\,cm^2$ ⇄ $1\,mm^2$ (: 100 / · 100)

Mit einer Stellenwerttafel können wir Flächeninhalte in verschiedenen Schreibweisen angeben.

Beispiele

m^2		dm^2		cm^2		mm^2		Schreibweisen
Z	E	Z	E	Z	E	Z	E	
	2	1	2	7				$127\,dm^2 = 1\,m^2\ 27\,dm^2 = 1{,}27\,m^2$
		7	0	5				$2705\,dm^2 = 27\,m^2\ 5\,dm^2 = 27{,}05\,m^2$
		2	0	0	4	0		$20040\,cm^2 = 200\,dm^2\ 40\,cm^2 = 200{,}40\,dm^2$
					3	4	2	2	$3422\,mm^2 = 34\,cm^2\ 22\,mm^2 = 34{,}22\,cm^2$

Übungen

1. In welchen Maßeinheiten werden die Flächeninhalte der folgenden Flächen angegeben?

a)

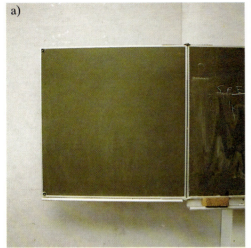

b)

2. Zeige mit maßstabsgetreuen Zeichnungen.
a) $1\,m^2 = 100\,dm^2$ b) $1\,cm^2 = 100\,mm^2$

3. Setze die Reihen fort.
a) $1\,m^2 = 100\,dm^2$ c) $1\,cm^2 = 0{,}01\,dm^2$
   $2\,m^2 = 200\,dm^2$ $2\,cm^2 = 0{,}02\,dm^2$
   ...   ...
   $12\,m^2 = ...$ $12\,cm^2 = ...$
b) $100\,mm^2 = 1\,cm^2$ d) $0{,}10\,m^2 = 10\,dm^2$
   $200\,mm^2 = 2\,cm^2$ $0{,}20\,m^2 = 20\,dm^2$
   ...   ...
   $1200\,mm^2 = ...$ $1{,}20\,m^2 = ...$

4. Trage in eine Stellenwerttafel ein und schreibe ohne Komma.
a) $13{,}78\,m^2$ d) $0{,}0404\,dm^2$ g) $9{,}87\,dm^2$
b) $47{,}90\,dm^2$ e) $4{,}79\,cm^2$ h) $0{,}0290\,m^2$
c) $1{,}004\,m^2$ f) $189{,}40\,cm^2$ i) $13{,}4860\,m^2$

5. Zerlege.
Beispiel:
$12\,038\,cm^2 = 1\,m^2 + 20\,dm^2 + 38\,cm^2$
a) $53\,216\,mm^2$ c) $3407\,dm^2$
b) $438\,921\,cm^2$ d) $6795\,mm^2$

6. Ordne der Größe nach.
a) $100\,cm^2$, $1\,cm^2$, $10\,000\,dm^2$
b) $5{,}67\,m^2$, $678\,dm^2$, $13\,420\,cm^2$

7. Schreibe in der nächstkleineren Maßeinheit.
a) $15\,cm^2$ d) $4{,}11\,dm^2$ g) $17\,dm^2$
b) $0{,}34\,m^2$ e) $1005\,dm^2$ h) $1{,}3245\,dm^2$
c) $125\,m^2$ f) $0{,}0222\,m^2$ i) $0{,}0004\,m^2$

8. Schreibe in der nächstgrößeren Maßeinheit.
a) $1800\,dm^2$ d) $170\,700\,cm^2$
b) $13\,050\,mm^2$ e) $12\,cm^2$
c) $45\,000\,cm^2$ f) $177\,dm^2$

9. Schreibe ohne Komma.
Beispiel: $0{,}71\,cm^2 = 71\,mm^2$
a) $0{,}22\,cm^2$ d) $0{,}013\,dm^2$ g) $0{,}0029\,dm^2$
b) $0{,}05\,m^2$ e) $1{,}7823\,m^2$ h) $0{,}000246\,m^2$
c) $23{,}2\,cm^2$ f) $12{,}30\,cm^2$ i) $555{,}12\,dm^2$

10. Schreibe mit der Maßeinheit Quadratzentimeter (cm^2).
a) $1{,}38\,dm^2$ d) $8\,m^2$ g) $0{,}0043\,m^2$
b) $275\,dm^2$ e) $12{,}30\,dm^2$ h) $0{,}0025\,dm^2$
c) $13\,200\,mm^2$ f) $5{,}75\,m^2$ i) $0{,}0098\,m^2$

11. Berechne.
Beispiel: $20\,dm^2 + 0{,}57\,m^2 + 800\,cm^2$
$= 20\,dm^2 + 57\,dm^2 + 8\,dm^2 = 85\,dm^2$
a) $900\,cm^2 + 25\,dm^2 + 0{,}78\,m^2$
b) $43\,dm^2 + 1840\,cm^2 + 7{,}80\,dm^2$
c) $7{,}52\,m^2 + 640\,dm^2 + 10\,000\,cm^2$
d) $1{,}56\,dm^2 + 8000\,mm^2 + 20\,cm^2$
e) $7\,dm^2 - 20\,cm^2$
f) $880\,dm^2 - 1{,}70\,m^2$

Wir bestimmen Flächeninhalte

Vor einem Kamin sind Fliesen verlegt worden. Eine Fliese ist 1 dm lang und 1 dm breit. Jede Fliese ist also 1 dm² groß.

Durch Abzählen der Fliesen kann man feststellen, wie groß die rechteckige, gefliste Fläche vor dem Kamin ist.

Schneller geht es aber, wenn man rechnet:
Die Fläche besteht aus 18 Reihen. Jede Reihe hat 12 Fliesen. Das sind insgesamt:

18 · 12 Fliesen, also 216 Fliesen

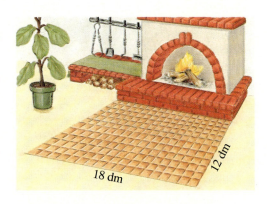

Jede Fliese ist 1 dm² groß; die Fläche hat den Flächeninhalt 216 dm².

Wir haben den Flächeninhalt eines Rechtecks mit den Seitenlängen 18 dm und 12 dm durch die **Multiplikation** 18 · 12 = 216 bestimmt. Auch in den folgenden Beispielen werden wir so den Flächeninhalt von Rechtecken berechnen.

Beispiele

1. Im abgebildeten Rechteck ist eine Seite 4,6 cm lang, die andere Seite ist 3 cm lang. Diese Fläche können wir mit Zentimeterquadraten nicht vollständig auslegen, weil eine Seite 4,6 cm lang ist. Wir können aber kleinere Einheitsquadrate zum Auslegen der Fläche verwenden, und zwar Millimeterquadrate.

Der Flächeninhalt einer Reihe enthält 46 Millimeterquadrate. Es sind 30 Reihen. Diese haben zusammen den Flächeninhalt 30 · 46 Millimeterquadrate = 1380 Millimeterquadrate. Das Rechteck hat also den Flächeninhalt 1380 mm².

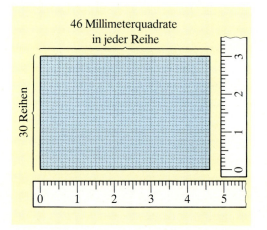

2. Wir berechnen den Flächeninhalt eines Rechtecks mit Seiten von 5,4 cm und 2,5 cm. Wir schreiben die Längen ohne Komma:

$$5{,}4 \text{ cm} = 54 \text{ mm}$$
$$2{,}5 \text{ cm} = 25 \text{ mm}$$

Jetzt können wir durch Multiplizieren die Anzahl der Millimeterquadrate berechnen:

$$54 \cdot 25 \text{ mm}^2 = 1350 \text{ mm}^2 = 13{,}50 \text{ cm}^2$$

Das Rechteck ist 13,50 cm² groß.

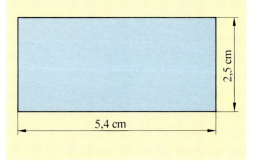

Umfang, Flächeninhalt, Rauminhalt

Wir merken uns:

So berechnen wir den Flächeninhalt von Rechtecken:

1. Seitenlängen *l* und *b* ohne Komma in derselben Maßeinheit schreiben.
2. Maßzahlen miteinander multiplizieren und mit der richtigen Benennung für den Flächeninhalt versehen.

Beispiele

1. Das Rechteck ist 3,9 cm lang und 1,6 cm breit.

Gegeben:
$l = 3{,}9$ cm $= 39$ mm
$b = 1{,}6$ cm $= 16$ mm

Gesucht:
Flächeninhalt

Rechnung:
$39 \cdot 16$ mm^2
$= 624$ mm$^2 = 6{,}24$ cm^2

Antwort:
Der Flächeninhalt des Rechtecks beträgt 6,24 cm^2.

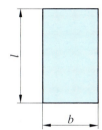

2. Die Seitenlänge eines Quadrates beträgt 1,6 cm.

Gegeben:
$l = 1{,}6$ cm $= 16$ mm

Gesucht:
Flächeninhalt

Rechnung:
$16 \cdot 16$ mm^2
$= 256$ mm$^2 = 2{,}56$ cm^2

Antwort:
Der Flächeninhalt des Quadrates beträgt 2,56 cm^2.

Übungen

1. Zeichne Quadrate und bestimme den Flächeninhalt, indem du die Quadrate in Einheitsquadrate zerlegst. Die Seitenlängen sind:
a) 12 cm   b) 7 cm   c) 25 mm   d) 9,8 cm

2. Zeichne Rechtecke und bestimme den Flächeninhalt, indem du die Rechtecke in Einheitsquadrate zerlegst. Die Seitenlängen sind:
a) 7 cm und 6 cm   c) 32 mm und 70 mm
b) 5 cm und 9 cm   d) 60 mm und 43 mm

3. Zeichne. Welches Rechteck hat den größeren Flächeninhalt?
a) 6 cm × 3 cm   b) 25 mm × 65 mm

4. a) Zeichne ein Rechteck mit den Seitenlängen 2 cm und 3 cm. Welchen Flächeninhalt hat das Rechteck?
b) Verdopple, verdreifache und vervierfache die längere Seite. Welchen Flächeninhalt haben diese Rechtecke? Trage die Ergebnisse in eine Tabelle ein.
c) Verfahre ebenso mit der kürzeren Seite und trage die Ergebnisse in eine Tabelle ein.

kürzere Seite \ längere Seite	3 cm	6 cm	9 cm	12 cm
2 cm				
4 cm				

5. Bestimme den Flächeninhalt von Quadraten mit folgenden Seitenlängen:
a) 5 dm   b) 7,75 m   c) 1,2 cm

6. Bestimme den Flächeninhalt von Rechtecken mit folgenden Seitenlängen:
a) 3 dm und 5 dm
b) 7,75 m und 5,60 m
c) 2,371 km und 2389 m

7. Zeichne folgende Figuren und bestimme den Flächeninhalt:
a) Rechteck mit der Länge 8,3 cm und der Breite 18 mm,
b) Quadrat mit der Seitenlänge 3,6 cm,
c) Rechteck mit den Seitenlängen 21 mm und 0,75 dm.

8. Ein Volleyballspielfeld hat 18 m Länge und 9 m Breite. Das Spielfeld soll mit einem Kunststoffboden ausgelegt werden. Wieviel Quadratmeter Kunststoffboden werden benötigt?

9. Ein Fußballfeld ist 110 m lang und 75 m breit. Gib den Flächeninhalt in Quadratmeter, Ar und Hektar an.

10. In einem Freibad ist das Schwimmerbecken 25 m lang und 11 m breit. Das Nichtschwimmerbecken hat eine Länge von 8 m und eine Breite von 6 m.
a) Wie groß ist die Wasserfläche jedes Beckens?
b) Wie groß ist die gesamte Wasserfläche?

11. Ein Farbdia hat die Form eines Rechtecks mit den Seitenlängen 24 mm und 36 mm. Jens läßt von einem solchen Dia ein Großfoto im Format 36 cm × 54 cm herstellen. Berechne den Flächeninhalt des Dias und den des Großfotos. Mit wie vielen Dias könnte man das Großfoto auslegen?

12. Ahmed und Jehia sind Teppichknüpfer. Sie arbeiten beide gleich schnell. Ahmeds Teppich ist 3,25 m lang und 2,77 m breit. Jehias Teppich ist quadratisch mit einer Seitenlänge von 3,05 m. Wer hat seinen Teppich schneller fertig?

13. Die Wohnung von Familie Bentheim hat folgende Räume:
Wohnzimmer: 5,15 m × 4,1 m,
Schlafzimmer: 4,5 m × 3,7 m,
Küche: 2,5 m × 3 m,
Kinderzimmer: 3,5 m × 4 m,
Flur: 4,8 m × 1,75 m, Bad: 2,5 m × 3 m
a) Gib die Wohnfläche in Quadratmeter gerundet an.
b) Der monatliche Mietpreis je Quadratmeter beträgt 7,20 DM. Hinzu kommen noch 85 DM Nebenkosten. Wieviel DM müssen jeden Monat überwiesen werden?

14. a) Zeichne verschiedene Rechtecke, die alle den Umfang 16 cm haben. Bestimme ihren Flächeninhalt. Ist der Flächeninhalt bei allen Rechtecken gleich?
b) Karl behauptet: „Ein Quadrat mit dem Umfang 16 cm ist immer größer als alle anderen Rechtecke mit diesem Umfang." Prüfe das an Beispielen nach.

15. Zeichne verschiedene Rechtecke aus 24 Rechenkästchen in dein Heft. Vergleiche die Umfänge der Rechtecke.
b) Zeichne Rechtecke aus 36 Rechenkästchen. Welches hat den kleinsten Umfang?

16. Für ein quadratisches Tiergehege wurden 160 m Zaun benötigt. Welchen Flächeninhalt hat das Gehege?

17. Das Segelschiff „Gorch Fock" hat eine Segelfläche von 1950 m². Welche Seitenlängen kann ein Rechteck mit dem gleichen Flächeninhalt haben? Nenne mehrere Möglichkeiten.

18. In einer Zeitungsanzeige wird ein 900 m² großes rechteckiges Grundstück angeboten.
Welche Abmessungen kann das Grundstück haben, wenn Länge und Breite in vollen Metern gemessen wurden? Es gibt viele Möglichkeiten. Gib vier sinnvolle Möglichkeiten an.

Umfang, Flächeninhalt, Rauminhalt

Wir untersuchen Würfel und Quader

Alle Gegenstände unserer Umwelt sind **Körper**.

In der Geometrie betrachten wir *Grundformen* von Körpern. Die wichtigsten Grundformen sind **Würfel** und **Quader**.

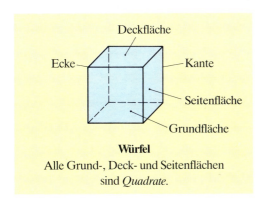

Würfel
Alle Grund-, Deck- und Seitenflächen
sind *Quadrate*.

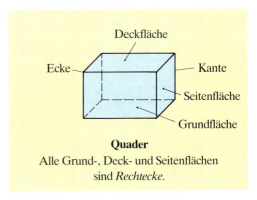

Quader
Alle Grund-, Deck- und Seitenflächen
sind *Rechtecke*.

Am Würfel und am Quader kann man **Ecken, Kanten** und **Flächen** unterscheiden. Die verschiedenen Flächen haben verschiedene Namen. Es gibt die **Grundfläche**, die **Deckfläche** und die vier **Seitenflächen**. Alle Flächen eines Würfels oder eines Quaders zusammen bilden seine **Oberfläche**.

Übungen

1. Nenne Gegenstände, die die Form eines Würfels oder eines Quaders haben.

2. Übertrage aus der Abbildung den Würfel und den Quader auf Transparentpapier. Die Ecken zeichne rot, die Kanten blau, die Grund- und Deckflächen gelb.

3. Schneide aus Kartoffeln oder forme aus Plastilin:
a) zwei Würfel von verschiedener Größe,
b) zwei Quader von verschiedener Größe.
c) Wie viele Kanten eines Quaders, wie viele Kanten eines Würfels haben die gleiche Länge? Stelle das an deinen Modellen fest.

4. Klebe aus Stäbchen ein Kantenmodell eines Würfels zusammen. Wie viele Stäbchen brauchst du dazu?

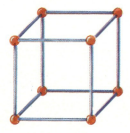

5. Zeige an einem Modell:
a) Wie viele Ecken und wie viele Kanten hat ein Würfel?
b) Wie viele Ecken und wie viele Kanten hat ein Quader?
c) Wie viele Flächen hat ein Würfel?
d) Wie viele Flächen hat ein Quader?
e) Welche Kanten verlaufen parallel?
f) Wo stehen Kanten senkrecht?

6. Angelika behauptet: „In jeder Ecke eines Quaders stoßen drei Kanten zusammen. Da ein Quader acht Ecken hat, gibt es also $8 \cdot 3 = 24$ Kanten."

7. Welche Eigenschaften gehören unbedingt zum Würfel?
a) Ein Würfel hat acht Ecken.
b) Die Oberfläche besteht aus Quadraten.
c) Die Ecken sind rot, die Kanten sind blau.
d) Deckfläche und Grundfläche sind gleich groß.
e) Der Würfel ist innen hohl.
f) Auf den sechs Begrenzungsflächen steht immer:

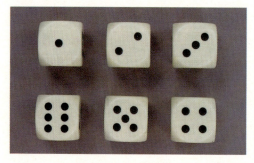

8. Im Foto auf der Seite 125 sind verschiedene Gegenstände abgebildet. Erkennst du Würfel oder Quader?

9. Welche Aussagen sind richtig (r), welche sind falsch (f)?
a) Deckfläche und Grundfläche sind beim Quader immer gleich groß.
b) Beim farbigen Quader sind die Seitenflächen immer gelb.
c) Die Grundfläche beim Quader *kann* quadratisch sein.
d) Der Quader ist immer größer als ein Würfel.

10. a) Auf dem Bild siehst du verschiedene geometrische Körper. Wie viele Quader, wie viele Würfel zählst du?
b) Übertrage die Quader und die Würfel in dein Heft.

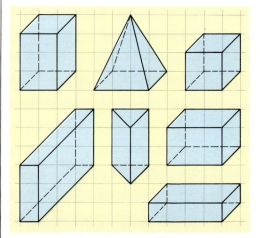

11. Welche geometrischen Körper kannst du zusammenkleben
a) nur aus Quadraten
b) nur aus Rechtecken?

12. In einer Zeichnung sollen drei Quader und zwei Würfel zu sehen sein. Peter sagt: „Da braucht man ja nur drei Körper zu zeichnen." Stimmt das?

13. Wie viele Würfel von gleicher Größe brauchst du, um daraus einen größeren Würfel zusammenstellen zu können?

Umfang, Flächeninhalt, Rauminhalt

Wir zeichnen Netze von Würfeln und Quadern

Stefan stellt einen Würfel aus dünner Pappe her. Er hat zunächst ein **Netz** des Würfels gezeichnet.

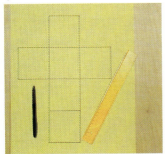

Übungen

1. Welche Körper gehören zu den Netzen?

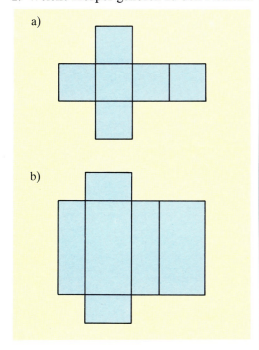

2. Zeichne
a) das Netz eines Würfels mit 3 cm Kantenlänge;
b) das Netz eines Quaders mit den Kantenlängen 5 cm, 4 cm und 3 cm.
Schneide die Netze aus und knicke die Kanten. Prüfe so nach, daß du tatsächlich den richtigen Körper erhältst. Klebe die Netze mit der Grundfläche ins Heft.

3. Fertige aus Zeichenkarton einen Würfel mit 6 cm Kantenlänge an, indem du ein Netz zeichnest, das Netz ausschneidest und mit Klebeband zusammenklebst.

4. Stelle aus Zeichenkarton einen Quader her. Länge 9 cm, Breite 6 cm, Höhe 4 cm.

5. a) Zeichne das Netz eines Würfels mit der Kantenlänge 3 cm.
b) Zeichne zwei andere Netze desselben Würfels.

6. Die Grundfläche jedes Würfels ist rot. Welche Farbe hat die gegenüberliegende Deckfläche?

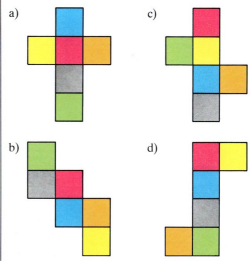

7. Welche der folgenden Netze lassen sich zu einem Würfel zusammenkleben, welche nicht? Probiere es aus, indem du die Netze auf Zeichenkarton zeichnest und ausschneidest.

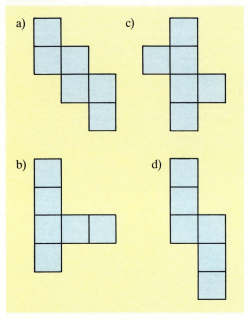

8. Welche Netze lassen sich zu einem Quader zusammenkleben, welche nicht? Probiere es.

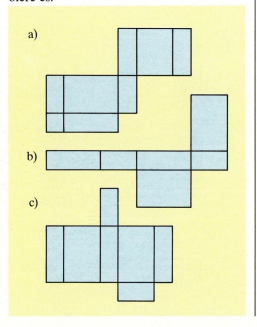

9. Zeichne auf ein Blatt Papier drei Netze, die man zu einem Würfel zusammenfalten kann und drei Netze, bei denen kein Würfel entsteht.

10. Zeichne drei Netze, die man zu einem Quader zusammenfalten kann und drei Netze, bei denen kein Quader entsteht.

11. Quader oder Würfel?

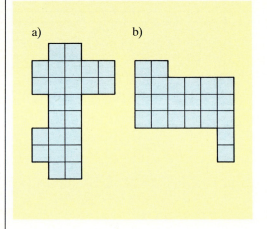

12. Könntest du entlang der vorgedruckten Linien das Netz eines Würfels ausschneiden?

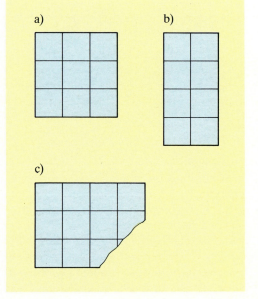

Wir berechnen Oberflächen von Würfeln und Quadern

Ein Quader hat sechs ebene rechteckige Seitenflächen. Die Flächeninhalte aller Seitenflächen ergeben zusammen den Inhalt der **Oberfläche** des Quaders.

Beispiel

Sabine will in eine Zigarrenkiste ein Geschenk einpacken. Dazu beklebt sie die Kiste mit Buntpapier.

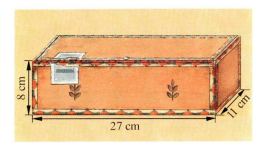
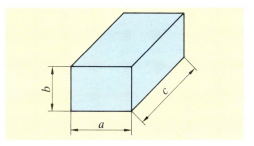

Sabine schneidet aus:

Für Grund- und Deckfläche	2 Rechtecke mit den Seitenlängen 27 cm und 11 cm
Für Vorder- und Rückfläche	2 Rechtecke mit den Seitenlängen 27 cm und 8 cm
Für die beiden Seitenflächen	2 Rechtecke mit den Seitenlängen 11 cm und 8 cm

Wir *berechnen*, wieviel Buntpapier Sabine benötigt.

$$2 \cdot (27 \cdot 11) \, cm^2 + 2 \cdot (27 \cdot 8) \, cm^2 + 2 \cdot (11 \cdot 8) \, cm^2$$
$$= 2 \cdot 297 \, cm^2 + 2 \cdot 216 \, cm^2 + 2 \cdot 88 \, cm^2 = \underline{\underline{1202 \, cm^2}}$$

Sabine benötigt 1202 cm² = 12,02 dm² Buntpapier zum Bekleben der Zigarrenkiste.

Wir berechnen die **Oberfläche** O des Quaders: $O = 2 \cdot a \cdot b + 2 \cdot a \cdot c + 2 \cdot b \cdot c$
a, b, c geben die Kantenlängen an.

Beispiel

Wir berechnen die **Oberfläche** O eines Würfels mit der Kantenlänge 5 cm.

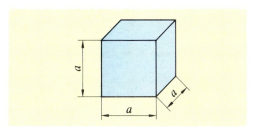

Die Oberfläche besteht aus sechs Quadraten mit dem Flächeninhalt:
$5 \cdot 5 \, cm^2 = 5^2 \, cm^2 = 25 \, cm^2$
Die Oberfläche des Würfels beträgt:
$6 \cdot 25 \, cm^2 = 150 \, cm^2$

Wir berechnen die **Oberfläche** O des Würfels: $O = 6 \cdot a \cdot a = 6 \cdot a^2$
a gibt die Kantenlänge an.

Übungen

1. Wie groß ist die Oberfläche eines Quaders mit folgenden Kantenlängen?
a) 7 cm, 4 cm, 3 cm
b) 13 cm, 17 cm, 23 cm
c) 5 cm, 17 cm, 20 cm

2. a) Berechne die Oberfläche eines Quaders mit quadratischer Grundfläche. Die Kanten der Grundfläche sind 25 cm lang, der Quader ist 3 m hoch.
b) Hat eine solche Säule von 1,5 m Höhe und 50 cm langen Kanten der Grundfläche eine größere oder eine kleinere Oberfläche als die Säule aus Aufgabe a)?

3. Ein Würfel hat eine Kantenlänge von:
a) 15 cm   b) 3 dm   c) 17,5 cm   d) 4,7 dm
Berechne die Oberfläche.

4. Bei Saunakabinen sind Wände und Decken innen mit Holz verkleidet. Wieviel Quadratmeter Holz werden benötigt?
a) Abmessungen:
Länge 2 m; Breite 1,95 m; Höhe 21 dm
b) Abmessungen:
Länge 2,22 m; Breite 2,17 m; Höhe 221 cm

5. Ein Päckchen mit sechs Tintenpatronen ist 5 cm lang, 4 cm breit und 1 cm hoch. Berechne die Oberfläche.

6. Wieviel Quadratzentimeter Karton werden zur Herstellung einer Streichholzschachtel benötigt?
Abmessungen:
Länge 5,2 cm; Breite 3,8 cm; Höhe 1,6 cm.

7. Bücher werden vor dem Versand in Folie eingeschweißt. Wieviel Quadratmeter Folie braucht man für 5000 Bücher? Jedes Buch ist 17 cm lang, 11 cm breit und 2,5 cm hoch.

8. Die gleiche Anzahl von Zigarren kann man in Blechschachteln mit den Abmessungen 27 cm, 11 cm, 8 cm oder mit 13,5 cm, 11 cm, 16 cm verpacken. Für welche Schachtel braucht man weniger Blech?

9. Sortiere folgende Gegenstände nach ihrer Gestalt und gib ihre geometrische Grundform an:
Fußball, Buch, Indianerzelt, Eishörnchen, Globus, Postpaket, Konservendose, Schultüte, Orange.

10. a) Zeichne das Netz eines Würfels mit der Kantenlänge $l = 2,4$ cm.
b) Zeichne zwei andere Netze desselben Würfels.
c) Berechne die Oberfläche des Würfels.

11. a) Zeichne das Netz eines Quaders mit den Kantenlängen 2,5 cm, 3 cm, 1 cm.
b) Zeichne ein anderes Netz desselben Quaders.
c) Berechne die Oberfläche.

12. Zu welchen Körpern könnte die Seitenansicht passen? Es gibt mehrere Lösungen.

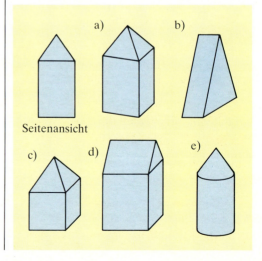

Wir vergleichen und messen Rauminhalte von Körpern

Peter und Susanne haben aus Holzwürfeln verschiedene Quader zusammengesetzt.

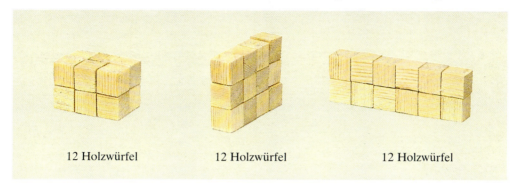

12 Holzwürfel   12 Holzwürfel   12 Holzwürfel

Die Quader bestehen aus 12 gleich großen Holzwürfeln. Die Quader haben alle denselben Rauminhalt, auch wenn ihre Form unterschiedlich ist.

Jeder Holzwürfel ist 1 cm lang, 1 cm breit und 1 cm hoch. Wir nennen solche Würfel **Zentimeterwürfel**.

Ein Zentimeterwürfel hat den Rauminhalt 1 **Kubikzentimeter** (1 cm^3). Wenn wir Zentimeterwürfel als **Einheitswürfel** benutzen, können wir Rauminhalte angeben.

Der Zentimeterwürfel hat den Rauminhalt 1 Kubikzentimeter

Beispiel

Ein Körper aus 12 Zentimeterwürfeln hat den Rauminhalt 12 Kubikzentimeter.

Folgende Einheitswürfel werden wir für das Messen von Rauminhalten benutzen.

Einheitswürfel	Kantenlänge	Rauminhalt
Millimeterwürfel	1 mm	1 Kubikmillimeter (1 mm^3)
Zentimeterwürfel	1 cm	1 Kubikzentimeter (1 cm^3)
Dezimeterwürfel	1 dm	1 Kubikdezimeter (1 dm^3)
Meterwürfel	1 m	1 Kubikmeter (1 m^3)

Einen Rauminhalt messen heißt feststellen, wie viele Einheitswürfel den Körper ausfüllen.

$$12 \text{ cm}^3 = 12 \cdot 1 \text{ cm}^3$$

Maßzahl Benennung   Maßeinheit

Übungen

1. Bringt Spielwürfel in die Schule mit. Arbeitet in Gruppen. Setzt verschiedene Körper aus
a) 6   b) 8   c) 12   d) 16
gleich großen Würfeln zusammen. Vergleicht die Rauminhalte.

2. Vergleiche die Rauminhalte.

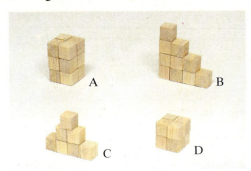

3. Welche Einheitswürfel sind etwa so groß wie die folgenden Gegenstände? Gib die Rauminhalte an.

4. Nenne Gegenstände mit einem Rauminhalt von etwa $1\,mm^3$, $1\,cm^3$, $1\,dm^3$, $1\,m^3$.

5. Welche Maßeinheit für den Rauminhalt eignet sich am besten zum Ausmessen einer Streichholzschachtel, einer Gefriertruhe, eines Kinderzimmers?

6. Setze aus 8 (16, 18) Zentimeterwürfeln verschiedene Quader zusammen. Gib immer an, wie lang die Seiten sind.

7. Setze die Quader aus Zentimeterwürfeln zusammen.
a) 2 cm hoch, 3 cm breit, 4 cm lang
b) 3 cm hoch, 3 cm breit, 3 cm lang
c) 3 cm hoch, 1 cm breit, 7 cm lang
Wie viele Zentimeterwürfel benötigst du jeweils? Welche Rauminhalte haben die Quader?

8. Aus wie vielen Würfeln bestehen die folgenden Körper? Gib die Rauminhalte an, wenn jeder gezeichnete Würfel ein Millimeterwürfel (ein Zentimeterwürfel, ein Dezimeterwürfel, ein Meterwürfel) ist.

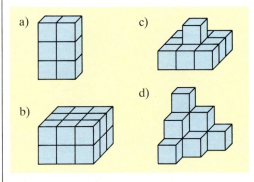

9. Versuche, aus Zentimeterwürfeln einen Dezimeterwürfel zu bauen. Wie viele Zentimeterwürfel würdest du für einen vollständigen Dezimeterwürfel benötigen?

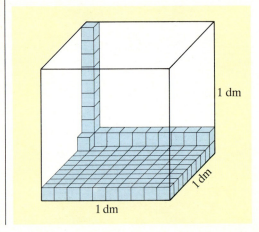

Umfang, Flächeninhalt, Rauminhalt

Wir geben Rauminhalte in verschiedenen Maßeinheiten an

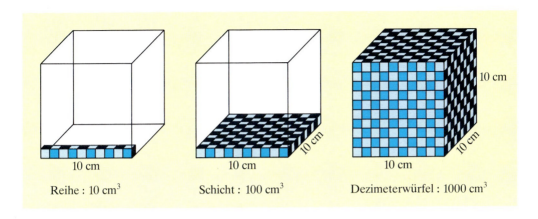

Reihe : 10 cm³   Schicht : 100 cm³   Dezimeterwürfel : 1000 cm³

Wir berechnen, wie viele Zentimeterwürfel in einen Dezimeterwürfel passen.
Wir überlegen: In eine Reihe passen 10 Zentimeterwürfel.

In eine Schicht passen 10 Reihen,
das sind 10 · 10 Würfel, also 100 Zentimeterwürfel.
In einen Dezimeterwürfel passen 10 Schichten,
das sind 10 · 10 · 10 Würfel, also 1000 Zentimeterwürfel.

Also: $1\,dm^3 = 1000\,cm^3$

Ebenso können wir überlegen, daß $1\,m^3 = 1000\,dm^3$ und $1\,cm^3 = 1000\,mm^3$ ist. Bei Rauminhalten tritt immer die **Umwandlungszahl** 1000 auf.

Umwandlungszahl für Rauminhalte:

1000

$1\,m^3 = 1000\,dm^3$
$1\,dm^3 = 1000\,cm^3$
$1\,cm^3 = 1000\,mm^3$

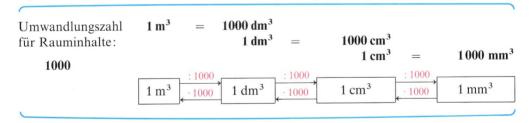

Mit einer Stellenwerttafel können wir Rauminhalte in verschiedenen Schreibweisen angeben.

Beispiele

m³			dm³			cm³			mm³			Schreibweisen
Z	E	H	Z	E	H	Z	E	H	Z	E		
	1	4	3	0								1,430 m³ = 1 430 dm³
2	8											28 m³ = 28 000 dm³
				5	7	2	0					5,720 dm³ = 5 720 cm³
					1	3	6					13,6 cm³ = 13 600 mm³

Übungen

1. Mit welchen Maßeinheiten werden die Rauminhalte der folgenden Körper angegeben?

a)

b)

2. Begründe.
a) $1\,m^3 = 1000\,dm^3$ b) $1\,cm^3 = 1000\,mm^3$

3. Berechne.
a) $1\,dm^3 = \square\,mm^3$
b) $1\,m^3 = \square\,cm^3$
c) $1\,000\,000\,cm^3 = \square\,m^3$
d) $1000\,cm^3 = \square\,dm^3$

4. Ordne der Größe nach:
$1\,mm^3$, $1000\,cm^3$, $1\,m^3$, $1000\,dm^3$, $1\,000\,000\,m^3$, $1\,000\,000\,cm^3$.

5. Setze die folgenden Reihen fort.
a) $1\,cm^3 = 1000\,mm^3$; $2\,cm^3 = 2000\,mm^3$; bis $12\,cm^3 = \ldots$
b) $1\,m^3 = 1000\,dm^3$; $2\,m^3 = 2000\,dm^3$; bis $12\,m^3 = \ldots$
c) $1000\,dm^3 = 1\,m^3$; $900\,dm^3 = 0,900\,m^3$; bis $100\,dm^3 = \ldots$
d) $1\,dm^3 = 1000\,cm^3$; $1,1\,dm^3 = 1100\,cm^3$; bis $2\,dm^3 = \ldots$

6. Trage in eine Stellenwerttafel ein und schreibe ohne Komma.
a) $1,783\,m^3$ d) $149,98\,cm^3$ g) $1,007\,cm^3$
b) $24,7\,dm^3$ e) $14,889\,dm^3$ h) $0,004\,dm^3$
c) $14,47\,cm^3$ f) $0,14888\,m^3$ i) $1,25\,dm^3$

7. Rechne in die nächstkleinere Maßeinheit um.
a) $27\,cm^3$ f) $0,003\,cm^3$
b) $4023\,m^3$ g) $0,02\,m^3$
c) $101\,dm^3$ h) $0,42\,dm^3$
d) $0,223\,m^3$ i) $1,001\,cm^3$
e) $13,1\,dm^3$ j) $13,40\,m^3$

8. Rechne in die nächstgrößere Maßeinheit um.
a) $1717\,dm^3$ f) $12\,000\,cm^3$
b) $1600\,mm^3$ g) $1\,400\,000\,m^3$
c) $0,2\,cm^3$ h) $1\,400\,000\,mm^3$
d) $12\,300\,mm^3$ i) $16\,mm^3$
e) $164,82\,dm^3$ j) $1,5\,dm^3$

9. Schreibe ohne Komma.
a) $0,1\,dm^3$ f) $4,74\,dm^3$
b) $22,232\,cm^3$ g) $4,0007\,m^3$
c) $4,141002\,m^3$ h) $2,0250\,dm^3$
d) $0,6211\,dm^3$ i) $86,05\,m^3$
e) $0,0001\,m^3$ j) $52,326\,cm^3$

10. Gib die Größen in derselben Maßeinheit an und berechne.

Beispiel: $0,35\,dm^3 + 4,3\,cm^3 + 3\,mm^3$
$= 350\,000\,mm^3 + 4300\,mm^3 + 3\,mm^3$
$= 354\,303\,mm^3$

a) $12\,m^3 + 3,2\,dm^3 + 0,446\,m^3$
b) $0,489\,cm^3 + 0,400500\,dm^3 + 14\,cm^3$
c) $4,11\,m^3 + 788\,cm^3 + 1,3\,dm^3$
d) $4\,m^3 + 13\,cm^3 + 24\,dm^3$
e) $24,3\,dm^3 - 1700\,cm^3$
f) $15,7\,m^3 - 170\,dm^3$
g) $0,77\,dm^3 - 63,3\,cm^3$
h) $17\,745\,mm^3 - 0,001\,dm^3$

11. Schreibe mit Komma.
a) $7\,m^3\ 321\,dm^3$ e) $18\,cm^3\ 55\,mm^3$
b) $8\,dm^3\ 276\,cm^3$ f) $10\,cm^3\ 900\,mm^3$
c) $4\,m^3\ 816\,dm^3$ g) $12\,m^3\ 75\,dm^3$
d) $18\,cm^3\ 250\,mm^3$ h) $130\,cm^3$

Wir bestimmen Rauminhalte von Würfeln und Quadern

Schachteln mit Büroklammern werden in Kartons verpackt. Ein Karton ist 5 dm lang, 3 dm breit und 2 dm hoch. Die Schachteln sind Würfel mit 1 dm³ Rauminhalt.

In einer Reihe: 5 Schachteln

In einer Schicht:
3 · 5 Schachteln = 15 Schachteln

Insgesamt:
2 · 15 Schachteln = 30 Schachteln

In jeden Karton passen 2 · 3 · 5, also 30 Schachteln. Der Rauminhalt beträgt 30 dm³.

Auch in den folgenden Beispielen können wir den Rauminhalt durch Multiplizieren berechnen.

Beispiele

1. Der abgebildete Quader läßt sich nicht vollständig mit Zentimeterwürfeln ausfüllen. Wir können aber kleinere Einheitswürfel zum Ausmessen verwenden, und zwar Millimeterwürfel.

Es ergeben sich 12 Schichten mit 25 Reihen zu je 38 Millimeterwürfeln. Insgesamt sind das $\qquad$ 12 · 25 · 38 = 11 400

Millimeterwürfel.

Der Quader hat einen Rauminhalt von 11 400 mm³ = <u>11,4 cm³</u>.

2. Wenn bei einem Quader die Seitenlängen mit Kommaschreibweise gegeben sind, rechnen wir mit kleineren Einheiten.

Wir rechnen zuerst um:
2,5 dm = 25 cm, 6,2 dm = 62 cm, 1,8 dm = 18 cm
Jetzt berechnen wir den Rauminhalt:
25 · 62 · 18 cm³ = 27 900 cm³
Das können wir in dm³ umrechnen.
Wir erhalten für den Rauminhalt 27,9 dm³.

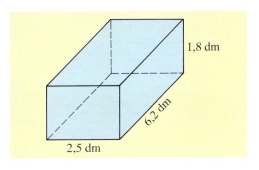

Wir merken uns:

So berechnen wir den Rauminhalt von Quadern:

1. Kantenlängen l, b und h in derselben Maßeinheit angeben.

2. Maßzahlen miteinander multiplizieren und mit der richtigen Benennung für den Rauminhalt versehen.

Beispiele

1. Die Kantenlängen eines Quaders betragen 2 cm, 4 cm, 1 cm.

Gegeben:
Länge $l = 2$ cm,
Breite $b = 4$ cm,
Höhe $h = 1$ cm

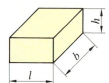

Gesucht:
Rauminhalt

Rechnung:
$\quad 2 \cdot 4 \cdot 1 \text{ cm}^3$
$= 8 \text{ cm}^3$

Antwort:
Der Rauminhalt des Quaders beträgt $\underline{\underline{8 \text{ cm}^3}}$.

2. Die Kantenlänge eines Würfels beträgt 3,9 dm.

Gegeben:
Länge $l = 3,9$ dm

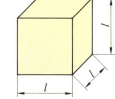

Gesucht:
Rauminhalt

Rechnung:
$\quad 39 \cdot 39 \cdot 39 \text{ dm}^3$
$= 59\,319 \text{ dm}^3 = 59{,}319 \text{ m}^3$

Antwort:
Der Rauminhalt des Würfels beträgt $\underline{\underline{59{,}319 \text{ m}^3}}$.

Übungen

1. Gib die Anzahl der Zentimeterwürfel in der untersten Schicht an. Wie viele Schichten sind es? Gib die Rauminhalte der Quader an.

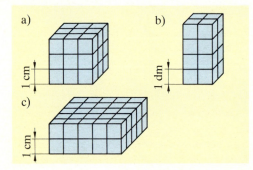

2. Bestimme bei folgenden Schachteln die Anzahl der Zentimeterwürfel in der untersten Schicht. Bestimme die Anzahl der Schichten. Welche Rauminhalte haben die Schachteln?
a) 50 cm lang, 20 cm breit, 30 cm hoch
b) 75 cm lang, 60 cm breit, 18 cm hoch
c) 2,5 dm lang, 1,2 dm breit, 1,9 dm hoch

3. In welchen Karton passen die meisten Dezimeterwürfel?

Karton A	Karton B	Karton C
4 dm lang	7 dm lang	3 dm lang
3 dm breit	2 dm breit	3 dm breit
2 dm hoch	2 dm hoch	3 dm hoch

Umfang, Flächeninhalt, Rauminhalt

4. Eine Kiste ist mit 60 Würfeln gefüllt. Die Würfel sind in 4 (5, 6, 10, 12) Schichten angeordnet. Wie viele Würfel sind in einer Schicht?

5. Bestimme den Rauminhalt von Quadern mit folgender Kantenlänge:
a) 3 dm, 6 dm, 9 dm
b) 1 dm, 2 dm, 3 dm
c) 11 mm, 11 mm, 4 mm
d) 5,5 cm, 2,2 cm, 1,1 cm

6. Vergleiche die Rauminhalte.

Karton A	Karton B	Karton C
7 dm lang	110 cm lang	12 cm lang
120 mm breit	30 cm breit	2 dm breit
20 cm hoch	6 cm hoch	700 mm hoch

7. Bestimme den Rauminhalt von Würfeln mit folgender Kantenlänge:
a) 50 cm   d) 4 mm   g) 3,6 cm
b) 6 dm   e) 12 cm   h) 0,9 m
c) 12 mm   f) 9 dm   i) 2,5 dm

8. Hier sind Abmessungen von Kartons angegeben. Mit welchen möglichst großen Einheitswürfeln können wir sie völlig ausfüllen, mit Millimeterwürfeln, Zentimeterwürfeln oder ...?
a) 1 m lang, 3,5 dm breit, 44 cm hoch
b) 25 dm lang, 52 dm breit, 18,5 dm hoch
c) 70 cm lang, 10 dm breit, 80 cm hoch
d) 10 dm lang, 1,5 m breit, 100 cm hoch
Wandle die Längenmaße um. Berechne danach den Rauminhalt des Kartons.

9. Berechne den Rauminhalt der aus Quadern zusammengesetzten Körper (Maße in cm).

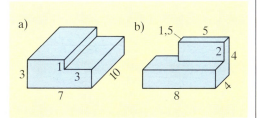

10. Barbara will einen Würfel und einen Quader basteln. Sie hat die Netze bereits gezeichnet. Welche Rauminhalte werden die Körper haben?

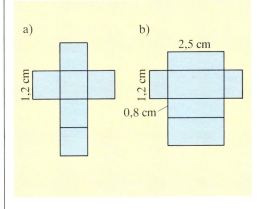

11. a) Zeichne das Netz eines Quaders mit 60 cm³ Rauminhalt. Es gibt verschiedene Möglichkeiten.
b) Schneide das Netz aus und klebe es zu einem Quader zusammen.

12. Zeichne das Netz eines Würfels mit 64 cm³ Rauminhalt. Schneide es aus und klebe es zu einem Würfel zusammen.

13. Wieviel Kubikmeter Wasser benötigt man, um ein Schwimmbecken zu füllen, das 10,5 m lang, 5,5 m breit ist und in dem das Wasser 1,50 m hoch stehen soll?

14. Ein Schwimmbecken ist 25 m lang, 12 m breit und 2 m tief. Wieviel Kubikmeter Wasser faßt es? Wieviel DM kostet es, das Schwimmbecken zu füllen, wenn ein Kubikmeter Wasser 2,70 DM kostet?

15. Ein Sandkasten ist 3,55 m lang und 2,80 m breit. Wieviel Kubikmeter Sand enthält er, wenn er 50 cm hoch mit Sand gefüllt ist?

16. Ein Klassenraum hat die Abmessungen 7,5 m × 9 m × 3,5 m, ein anderer 10,5 m × 7,20 m × 3,25 m. Welcher Klassenraum enthält mehr Kubikmeter Luft?

17. Welcher Würfel wiegt mehr, ein Holzwürfel mit 6,8 cm Kantenlänge oder ein Würfel aus Stahl mit 3,1 cm Kantenlänge? (1 cm³ Holz wiegt 0,75 g; 1 cm³ Stahl 7,9 g.)

18. Ein quaderförmiger Goldbarren ist 3,2 cm lang, 1,3 cm breit und 0,6 cm hoch. Berechne seinen Rauminhalt. Wieviel Gramm wiegt der Goldbarren, wenn 1 cm³ Gold 19,5 g wiegt? Welchen Wert hat der Barren, wenn 1 g Gold 38 DM kostet?

19. Eine Bundesstraße erhält auf einer Länge von 3,6 km einen 12 cm hohen Bitumenbelag. Die Straße ist 7,5 m breit. Wieviel Kubikmeter Bitumen werden für den Straßenbelag benötigt?

20. Es sollen Entwässerungsrohre verlegt werden. Dazu muß ein Bagger einen 925 m langen Graben ziehen, der 1,2 m tief und 90 cm breit ist. Wieviel Kubikmeter Erde sind auszubaggern?

21. Im Sandsteinbruch ist ein großer Block (Quader) freigelegt worden. Er ist 6,5 m lang, 5,3 m breit, 3,6 m hoch und soll in Kubikmeterwürfel zerschnitten werden. Wie viele solcher Würfel kann man erhalten?

22. Eine Lagerhalle hat innen eine Länge von 12 m, eine Breite von 8,5 m und eine Höhe von 4,3 m.
a) Wie viele Kisten von der Größe und Form eines Kubikmeterwürfels können dort gelagert werden?
b) Wie viele Dezimeterwürfel könnte man in den verbleibenden Hohlräumen unterbringen?

23. Übertrage die Tabelle ins Heft und bestimme den Rauminhalt der Quader.

Länge	Breite	Höhe	Rauminhalt
3 cm	5 cm	4 cm	60 cm³
5 cm	3 cm	5 cm	
2,5 cm	7,4 cm	5,2 cm	
4 dm	2 dm	2,5 dm	
0,5 m	16,6 m	0,8 m	
5 mm	11 mm	3 mm	
3,5 dm	7,1 dm	2 dm	
1 cm	1,5 cm	2,3 cm	
4 m	4,2 m	4,4 m	

24. Berechne die Höhe der Quader.

Rauminhalt	Länge	Breite	Höhe
693 dm³	9 dm	7 dm	11 dm
1001 cm³	11 cm	13 cm	
8 m³	0,25 m	4 m	
4550 cm³	25 cm	14 cm	
0,324 dm³	9 cm	3 cm	

25. Aus Versehen hat jemand im Packraum den Zettel mit den Maßen der Kartons zerrissen und einen Teil davon verloren. Ergänze die fehlenden Angaben (Maße in cm).

	Länge	Breite	Höhe	Inhalt
Karton A	35	19,5	11	
Karton B	51	24		14688 cm³
Karton C	60		15	23400 cm³
Karton D		32	12,5	30000 cm³
karton		35	20	63000 cm³

26. Wie tief wurde eine 11 m lange und 7 m breite Baugrube zum Bau eines Einfamilienhauses ausgeschachtet? Es wurden 231 m³ Erde ausgehoben.

Umfang, Flächeninhalt, Rauminhalt

Wir rechnen mit Hohlmaßen

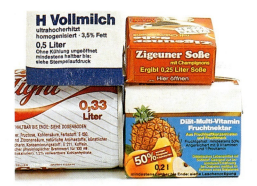

Hier werden Rauminhalte in **Liter** (l) angegeben.

1 Liter ist eine andere Bezeichnung für 1 Kubikdezimeter. Flüssigkeiten, Gase und auch feinkörnige Stoffe werden oft in Liter angegeben.

100 Liter bezeichnet man als 1 **Hektoliter** (hl).

$$1 \text{ Liter} = 1 \text{ dm}^3 \qquad 1 \text{ Hektoliter} = 100 \text{ Liter}$$

Übungen

1. Suche in deiner Umgebung Größenangaben in Liter und in Hektoliter.

2. Fülle mit einem Litermaß Wasser in einen Eimer. Gib den Rauminhalt des Eimers in Liter und in Kubikdezimeter an.

3. Begründe diese Umrechnungen.
a) $1 \text{ m}^3 = 1000 \text{ l}$ b) $1 \text{ m}^3 = 10 \text{ hl}$

4. Schreibe in Liter.
a) $7{,}5 \text{ dm}^3$ c) 1300 cm^3 e) $17{,}3 \text{ hl}$
b) $0{,}01 \text{ m}^3$ d) $0{,}15 \text{ hl}$ f) 700 cm^3

5. Schreibe in Hektoliter.
a) 735 l c) 1570 dm^3 e) 75 l
b) $5{,}9 \text{ m}^3$ d) $0{,}5 \text{ m}^3$ f) $0{,}743 \text{ m}^3$

6. Ein Handwerker stellt aus Blech einen würfelförmigen Behälter mit Deckel her, der genau 1 l faßt. Wieviel Quadratdezimeter Blech benötigt er?

7. Berechne. Gib das Ergebnis in hl an.
a) $7{,}3 \text{ hl} + 30 \text{ l}$ c) $5 \cdot 75 \text{ l}$
b) $700 \text{ l} - 5{,}5 \text{ hl}$ d) $10000 \text{ l} : 25$

8. Ein Aquarium ist 80 cm lang, 40 cm breit und 40 cm hoch. Wie viele Fische kann Britta darin unterbringen, wenn für jeden Fisch 1 l Wasser gerechnet wird?

9. Die Grundfläche eines quadratischen Gefäßes hat eine Seitenlänge von 5 cm. Wie hoch ist das Gefäß, wenn es genau 1 Liter faßt?

Wiederholung

I.

1. Berechne.
a) 5,33 DM = ☐ Pf   c) 2,548 km = ☐ m
   11,95 DM = ☐ Pf   0,051 km = ☐ m
b) 0,89 m = ☐ cm   d) 6,301 kg = ☐ g
   2,58 m = ☐ cm   0,532 kg = ☐ g

2. Überschlage und berechne.
a) 9,45 DM + 17,98 DM
b) 54,32 DM − 17,93 DM
c) 36,95 m + 84,37 m
d) 155,310 kg − 83,815 kg
e) 42,931 km + 81,511 km
f) 4 h 23 min + 3 h 56 min

3. Bei den Bundesjugendspielen springt Kerstin 3,28 m weit, Petra springt 0,23 m weiter. Anne springt 0,34 m weniger weit als Kerstin. Wie weit springt Petra, wie weit Anne?

4. Tim sagt: „Ich bin 132 Monate alt." Stefan meint: „Ich bin 12 Jahre alt." Wer ist älter?

5. Eine Stanzmaschine wiegt mit Verpackung 468,400 kg. Die Verpackung allein wiegt 76,600 kg. Wie schwer ist die Maschine ohne Verpackung.

II.

6. Überschlage und berechne.
a) 18,40 DM · 14   f) 6 h 45 min · 3
b) 12,63 m · 12   g) 148,50 DM : 9
c) 18,500 km · 12   h) 196,80 m : 8
d) 16,250 kg · 15   i) 2 h 9 min : 3
e) 24,80 DM · 16   j) 4,060 kg : 5

7. Stefan erhält jeden Monat 16,50 DM Taschengeld. Wieviel Taschengeld bekommt er in einem Jahr?

8. Herr Storm kauft vier Fuchsien, das Stück zu 4,95 DM, und sechs Azaleen, das Stück zu 6,85 DM. Er zahlt mit einem 100-DM-Schein. Wieviel DM erhält er zurück?

9. Ein Geschäft hat täglich, außer sonnabends, von 8.00 Uhr bis 12.30 Uhr und von 14.30 Uhr bis 18.30 Uhr geöffnet. Sonnabends schließt das Geschäft um 13 Uhr. Wie viele Stunden ist das Geschäft wöchentlich geöffnet?

10. Sechs Kilogramm Bonbons werden in Beuteln zu 125 g abgepackt. Wie viele Beutel erhält man?

III.

11. Überschlage und berechne.
a) 580 DM − 13,40 DM − 860 Pf + 120 Pf
b) 6,328 km + 48 m − 1,750 km + 2946 m
c) 50 815 cm − 4,83 m + 18,67 m − 10,25 m
d) 18,480 t + 2 t 84 kg − 1634 kg + 842 kg
e) 5 h + 7 h − 5 h 30 min + 45 min

12. Katrin hat jeden Monat 16,50 DM von ihrem Taschengeld gespart. Sie hat nun insgesamt 148,50 DM. Wie viele Monate hat sie dazu gebraucht?

13. Eine Spedition soll Holzkisten mit Maschinenteilen transportieren. Der einsetzbare Lkw darf nur bis zu einem Gesamtgewicht von 7,5 t beladen werden (Eigengewicht Lkw: 3500 kg). Wie viele Kisten zu je 35 kg dürfen geladen werden?

14. a) Dies ist der Zeitplan für den Unterricht in der Friedrich-Hauptschule. Berechne die Unterrichtszeit für einen Tag und für eine Woche.
1. Stunde: 7.55 Uhr − 8.40 Uhr
2. Stunde: 8.45 Uhr − 9.30 Uhr
3. Stunde: 9.50 Uhr − 10.35 Uhr
4. Stunde: 10.40 Uhr − 11.25 Uhr
5. Stunde: 11.45 Uhr − 12.30 Uhr
6. Stunde: 12.35 Uhr − 13.20 Uhr
b) Berechne die Pausenzeit für einen Tag und für eine Woche.

15. Der Euro-City Rheinpfeil verläßt Basel um 10.24 Uhr und kommt um 14.54 Uhr in Köln an. Wie lang ist die Fahrzeit?

Wiederholung

IV.

16. In einer alten Beschreibung wird die Turmhöhe des Ponttors in Aachen mit 87 Fuß angegeben. Wie hoch ist das Ponttor in Meter, wenn ein (rheinischer) Fuß 31,4 cm ist?

17. Wandle in die Maßeinheit um, die in der Klammer angegeben ist.
a) 500 cm (m) b) 3000 m (km)
   380 cm (dm)   67 000 dm (m)
   900 mm (dm)   12 000 mm (m)

18. Gib in Kilometern an.
a) 3 km 398 m   f) 13 000 m   k) 994 m
b) 9 km 403 m   g) 29 990 m   l) 400 m
c) 4 km 312 m   h) 32 012 m   m) 90 m
d) 5 km 98 m   i) 39 170 m   n) 32 m
e) 8 km 90 m   j) 1795 m   o) 5 m

19. Rechne schriftlich.
a) 3,06 m + 92 cm + 67 dm + 1,96 m
b) 139 m + 1,679 km + 36 m + 76 m + 104 dm

20. Berechne.
a) 79 m − 230 dm − 39 dm
b) 810 m − 912 cm
c) 720 km 30 m − 290 km 710 m
d) 32 km 520 m − 892 m

21. Berechne folgende Aufgaben.
a) 6876 cm : 9   e) 86,25 m : 12,5
b) 159,6 dm : 5,7   f) 158,4 cm : 2,4
c) 10,81 m : 23   g) 17 km : 68
d) 4,350 km : 0,870   h) 4284 km : 63

V.

22. Eine Straße ist 207 m lang. Sie soll an beiden Seiten mit 90 cm langen Bordsteinen eingefaßt werden. Wie viele Bordsteine werden benötigt?

23. Berechne den Umfang U folgender Rechtecke.
a) Länge 12 cm; Breite 9 cm
b) Länge 60 mm; Breite 42 mm
c) Länge 32 m; Breite 3,5 m
d) Länge 15 km; Breite 13 km
e) Länge 25 dm; Breite 17 dm

24. Ein Quadrat hat den Umfang U. Berechne die Seitenlänge.
a) $U = 96$ cm   c) $U = 88$ dm
b) $U = 60$ m   d) $U = 44$ km

25. Ein rechteckiges Grundstück ist 30 m breit und 40 m lang. Zeichne das Grundstück im Maßstab 1 : 1000.

26. Berechne.
a) 38,5 cm · 25   g) 207,25 m · 80
b) 9,7 km · 340   h) 50 dm 5 cm · 250
c) 39,25 m · 40   i) 93 km 60 m · 400
d) 0,5 km · 75   j) 40 m 9 cm · 405
e) 212 m · 96   k) 86 cm 4 mm · 340
f) 7,465 km · 70   l) 98 km 300 m · 932

VI.

27. Ordne der Größe nach:
2 m 87 cm; 3,60 m; 261 cm 2 mm; 26 dm 6 cm; 1 m 4 dm 9 cm; 556 cm; 3900 mm; 15 dm 8 cm.

28. Berechne.
a) 38 m + 92,5 m + 0,30 m
b) 42 km + 6,520 km + 1206,4 km
c) 750 cm + 3,9 cm + 332,4 cm
d) 267 m 25 cm + 93 cm
e) 310 m + 0,600 km
f) 34 km 90 m + 510 m

29. Bei einem Sportfest wirft Therese den Schlagball 32,50 m weit; ihre Freundin Marie wirft 4,25 m weniger weit. Christiane wirft den Ball 6,20 m weiter als Marie. Wie weit werfen Marie und Christiane?

30. Berechne.
a) 2142 m : 34   e) 0,464 km : 29
b) 121,5 cm : 45   f) 16,8 dm : 24
c) 126,50 m : 25   g) 10,12 m : 23
d) 42,250 km : 65   h) 28 km 250 m : 125

31. Herr Schneider hört im Verkehrsfunk: „Auf der Autobahn Oberhausen–Dortmund 14,5 km Stau." Herr Schneider überlegt, wieviel Autos sich bei drei Fahrbahnen höchstens im Stau befinden, wenn man für jedes Auto 6,25 m rechnet.

32. Josef und Johannes gehören zwei verschiedenen Fußballvereinen an.
Josef sagt: „Unser Spielfeld ist größer, denn eures ist nur 90 m lang; unser Spielfeld ist 95 m lang."
Johannes entgegnet: „Unser Spielfeld ist aber 74 m breit, eures ist nur 70 m breit. Also ist unser Spielfeld größer." Wer hat recht?

VII.

33. Berechne den Flächeninhalt der Rechtecke. Gib das Ergebnis ohne Komma an.
a) $l = 2,5$ m, $b = 16$ m
b) $l = 170$ cm, $b = 2,25$ m
c) $l = 2,3$ m, $b = 75$ cm

34. Nordrhein-Westfalen ist 33 959 km² groß. Heiner sagt: „Nordrhein-Westfalen ist größer als ein Quadrat mit 184 km langen Seiten, aber kleiner als ein Quadrat mit 185 km langen Seiten." Prüfe nach.

35. Herr Franken hat ein Grundstück mit einer Straßenfront von 22 m Länge. Die Tiefe des Grundstückes beträgt 24,5 m. Weil die Straße verbreitert werden soll, muß Herr Franken den Zaun des Vorgartens um 75 cm zurücksetzen. Wie groß ist das Grundstück jetzt noch?

36. Ein Garten ist 17 m lang und 12 m breit. An einer Seite des rechteckigen Gartens ist ein quadratisches Gemüsebeet mit 4 m Seitenlänge angelegt. Wie groß ist die übrige Gartenfläche? Fertige eine Zeichnung an.

37. Frau Rollinger kauft 8 m Dekostoff von 1,20 m Breite.
a) Mit welchen Maßquadraten kann man die Fläche des Stoffes am besten auslegen?
b) Wieviel Quadratmeter Stoff hat Frau Rollinger gekauft?

38. Bauer Weidig soll von einem Acker (49 a 67 m²) zum Bau einer Straße 1215 m² abgeben. Wieviel Land bleibt von seinem Acker übrig?

39. Ein Büro mit 21 m Länge und 15 m Breite soll mit Teppichplatten ausgelegt werden. Drei Plattengrößen stehen dafür zur Auswahl:
75 cm × 50 cm; 50 cm × 45 cm;
35 cm × 25 cm.

40. Berechne die Rauminhalte der Quader.

	Länge	Breite	Höhe
Quader A	4 cm	3 cm	2 cm
Quader B	12 cm	12 cm	12 cm

41. Übertrage in dein Heft und berechne die fehlenden Werte für die folgenden Quader.

Länge	7 cm		45 mm
Breite	4 cm	14 m	144 mm
Höhe	5 cm	3,5 m	
Rauminhalt		980 m³	162 000 mm³

42. Gib die Kantenlängen folgender Quader ohne Komma an und berechne die Rauminhalte.
a) 5,5 cm; 2,2 cm und 1,1 cm
b) 1,1 m; 2 m und 1,5 m

43. Ein Schwimmbecken ist 12 m lang, 34 m breit und 1 m tief. Wieviel Hektoliter Wasser faßt es?

44. Die Lagerhalle der Spedition „Transeuropa" hat eine Länge von 71 m, eine Breite von 16,5 m und eine Höhe von 5,2 m.
a) Wie viele Kubikmeter umbauten Raum hat die Halle?
b) Kann der Inhalt von 180 Containern mit je 40 m³ Fassungsvermögen dort gelagert werden?

45. Aus einem Marmorblock sollen quadratische Platten geschnitten werden. Der Marmorblock ist 3 m lang, 4 m breit und 2 m hoch. Eine Platte soll eine Seitenlänge von 50 cm haben und 5 cm dick sein. Wie viele Platten können hergestellt werden?

Übersicht über Maße und Maßeinheiten

Längen Umwandlungszahl **10**	1 km = 1000 m 1 m = 10 dm = 100 cm = 1000 mm 1 dm = 10 cm = 100 mm 1 cm = 10 mm
Flächeninhalte Umwandlungszahl **100**	1 km^2 = 100 ha (Hektar) 1 ha = 100 a (Ar) 1 a = 100 m^2 1 m^2 = 100 dm^2 1 dm^2 = 100 cm^2 1 cm^2 = 100 mm^2
Rauminhalte Umwandlungszahl **1000**	1 m^3 = 1000 dm^3 1 dm^3 = 1000 cm^3 1 cm^3 = 1000 mm^3
Hohlmaße	1 l (Liter) = 1 dm^3 100 l = 1 hl
Gewichte Umwandlungszahl **1000**	1 t (Tonne) = 1000 kg 1 kg = 1000 g 1 g = 1000 mg
Zeitspannen	1 Tag = 24 h 1 h = 60 min (Minuten) 1 min = 60 s (Sekunden)

Stichwortverzeichnis

Abstand 36
Abweichung 104
Achsenspiegelung 52
achsensymmetrisch 52
Addieren 58, 64, 69, 70, 72
Anordnung 25, 26

Blockdiagramm 106
Blockschaubild 30, 31

Differenz 60
Dividieren 76, 83
Dualsystem 34

Ecke 125

Falten 42, 51, 52
Fläche 36, 117, 125
Flächeninhalt 36, 117, 120, 122, 143

Geld 7, 8, 9, 11, 69, 87, 143
geometrische Körper 125, 131
Gerade 40
Gewichte 7, 16, 17, 72, 92, 143
Gitternetz 39, 45, 52
Größen 7, 8, 16, 108
größer als 25

Halbgerade 40
Häufigkeit 103
Hohlmaße 139

Kante 125
Kantenlänge 129, 136
kleiner als 25
Körper 125, 131

Länge 12, 14, 36, 57, 70, 89, 143
lotrecht 46

Maßeinheit 8, 12, 14, 16, 108, 118, 131, 133, 136, 143
Maßzahl 8, 12, 16, 108, 131, 136
Messen 7, 12, 38, 108, 113, 117, 131, 143
Mittelwert 104
Multiplizieren 73, 79, 81, 87, 89, 91

Natürliche Zahlen 19
Netz 127, 137

Oberfläche 125, 129

Parallel 42, 44
Parallelogramm 49
Pfeilbild, Pfeildiagramm 26
Probe 60, 67
Punkt 36

Quader 125, 127, 129, 131, 135, 136
Quadrat 47
Quadratzahlen 74

Rauminhalt 36, 131, 133, 135
Rechenvorteile 95
Rechteck 47, 114, 117
Runden 27, 31, 63, 78

Schätzen 12, 13
senkrecht 42, 44
Spiegelachse 52
Stabdiagramm 31
Stellenwertsystem 34
Stellenwerttafel 20, 22, 23
Strecke 40
Strichliste 103
Subtrahieren 60, 66, 68, 69, 70, 72
Symmetrie, symmetrisch 51
Symmetrieachse 52

Tabelle 103

Überschlagsrechnung 63, 78
Umfang 114
Umkehraufgabe 60, 76
Umwandeln 9, 14, 16, 108, 120, 143

Vergleichen 25, 117, 131
Verschieben 54
Viereck 47, 49

Waagerecht 46
Wechseln 11
Wiegen 16
Würfel 125, 127, 129, 135

Zahldarstellungen 25, 32, 103
Zahlenstrahl 25
Zehnersystem 17, 20, 22, 23, 34, 64, 66, 80
Zeitspanne 108, 109, 143
Zeitpunkt 109
Zweiersystem 34

Bildnachweis
Deutsches Museum, München: Seite 12 (Bild 3)
Bernd Janowski, Wattenscheid: Seite 83
Siegfried Linn, Essen: Seiten 25, 67, 86, 107, 121
Bildagentur Mauritius, Mittenwald: Seite 43
Ferdinand Porsche GmbH, Stuttgart-Zuffenhausen: Seite 75
Stiftung Preußischer Kulturbesitz, Berlin: Seite 12 (Bild 1)
Max-Planck-Institut für Radioastronomie, Bonn: Seite 24
Otto Versand, Hamburg: Seite 98
Bundesministerium für das Post- und Fernmeldewesen, Bonn: Seite 11
Sportamt der Stadt Stuttgart, Stuttgart: Seite 87
Chris Berten, Düsseldorf: Seiten 8, 16, 26, 29, 32, 36, 72, 91, 108, 110, 126
Alle weiteren Fotos: Mathias Wosczyna, Bonn